餐饮废油资源化利用
技术与应用

主编 向 硕 李 亮 刘先杰

东北林业大学出版社

Northeast Forestry University Press

·哈尔滨·

图书在版编目（CIP）数据

餐饮废油资源化利用技术与应用 / 向硕，李亮，刘先杰主编 . — 哈尔滨 : 东北林业大学出版社，2024.1

　ISBN 978-7-5674-3451-6

　Ⅰ.①餐… Ⅱ.①向… ②李… ③刘… Ⅲ.①饮食业—废油处理 Ⅳ.① X792

　中国国家版本馆 CIP 数据核字 (2024) 第 039522 号

餐饮废油资源化利用技术与应用

CANYIN FEIYOU ZIYUANHUA LIYONG JISHU YU YINGYONG

责任编辑: 潘　琦
封面设计: 乔鑫鑫
出版发行: 东北林业大学出版社
　　　　　　（哈尔滨市香坊区哈平六道街 6 号　邮编：150040）
印　　装: 三河市华东印刷有限公司
开　　本: 787 mm × 1092 mm　1/16
印　　张: 11
字　　数: 200 千字
版　　次: 2024 年 1 月第 1 版
印　　次: 2024 年 1 月第 1 次印刷
书　　号: ISBN 978-7-5674-3451-6
定　　价: 88.00 元

如发现印装质量问题，请与出版社联系调换。（电话: 0451-82113296　82191620）

编 委 会

主 编

向 硕 李 亮 刘先杰

副主编

杨 鑫 张培理 张勤辉

参编者

何 燕 卢 鹏 谭 胜 杨洪军

陈 伟 李献锋 田 强 杨俊科

朱立业 王 晶 吴 江 刘 坪

苏 鹏 袁祥波 李学彬 韦世豪

陈 凯 龙徐飞 马鹏飞 潘国莹

前　　言

　　餐饮废油是动植物油脂经反复高温加热使用后的废弃物，其主要成分为甘油三酯和游离脂肪酸，也含有一定量的酚类、酮类等有毒有害物质，以及多环芳烃、苯并芘等致癌物质。这些有毒有害物质，一旦进入环境或被人体摄入，将会导致严重的环境灾难并对人类的生命健康构成严重的威胁。目前，餐饮废油主要有以下三种处置方式：一是经分离、过滤等简单加工处理掺伪后重新流回餐饮行业；二是作为动物饲料间接进入人类食物链；三是直接排入下水道。餐饮废油具有污染环境和可回收再利用的双重特点，因此这三种处置方式不但污染环境和水体，还将造成资源的巨大浪费。在全球能源危机及环境保护呼声日益高涨的形势下，对餐饮废油进行资源化利用，替代矿物油作为生产助剂、表面活性剂、化工原料、生物柴油、润滑油等的原料，实现变废为宝，不仅可以改善生态环境、缓解能源危机，还可以创造可观的经济效益、促进经济可持续发展，具有十分重要的理论意义和现实意义。

　　我们编写《餐饮废油资源化利用技术与应用》一书的目的是将我们近年来教学和科研实践所积累的知识，以及国内外迄今为止的最新的处理与资源化技术介绍给读者。希望本书的出版，能有助于推动我国餐饮废油管理与资源化的有效发展。

　　希望本书能够对从事环境保护的餐饮废油处理与资源化的决策人员、科技人员和大专院校师生以及从事环境保护有关人员有所裨益。

　　限于作者水平，不足之处敬请指正。

编者
2023 年 11 月 23 日

目　　录

第1章 餐饮废油分离技术研究

1.1 概述

随着我国餐饮服务业和人民生活水平的不断提升，餐厨废水的随意排放及其引发的污染问题成为我国一个亟待解决的问题。餐厨废水具有高含油量、高含盐量、高 COD（chemical oxygen demand，化学需氧量）、成分复杂的特点，餐厨含油废水的随意排放会造成排放污水的水域环境严重破坏；餐厨含油废水进入土壤中，会使得土壤中含氧量快速降低，破坏土壤胶体的稳定性，严重危害人类赖以生存的环境；更有人员非法将"地沟油"回收提炼，使其重新进入餐桌或者饲养"垃圾猪"，直接或间接危害居民身体健康。据统计，我国每年产生大约 700 万 t 的餐饮废油，其中大约有一半的餐饮废油没有得到有效处理和正确利用。就目前来说，虽然我国对餐饮废油的管理达到前所未有的重视，前后颁布了《国务院办公厅关于加强地沟油整治和餐厨废弃物管理的意见》（国办发〔2010〕36号）及《最高人民法院 最高人民检察院 公安部关于依法严惩"地沟油"犯罪活动的通知》（公通字〔2012〕1号）等相关的法律法规，但是对餐饮废水的处理在我国很多地区仍然是一片空白，与发达国家存在一定的差距并且有许多技术难关需要攻克。如果餐厨废水处理不当，将会造成严重的环境污染。但换个角度，餐饮废油可以通过科学的处理变废为宝，产生良好的经济效益，但首先需要对餐饮废油进行分离提纯。

1.1.1 餐饮废油在水中的存在形式

餐饮废水主要来自城市的各式各样餐饮业和食品加工等企业，其中的餐饮废油主要成分是动植物油脂，属于极性油脂，容易被微生物氧化分解。餐饮废油在水中的存在方式主要有 5 种。

1.1.1.1 上浮油

上浮油是指以浮油形态存在于餐饮废水中的油珠，其油珠粒径一般大于

100 μm，通常情况下，采用重力自然沉降分离技术就可以在较短的时间内在水面上形成油膜，是一种比较容易去除的油珠类型。

1.1.1.2 分散油

分散油是指悬浮在水中形成细小的油珠，粒径一般为 10 ~ 100 μm，在水中的油滴是不稳定的，通过静置容易凝聚成大颗粒的上浮油。

1.1.1.3 乳化油

乳化油是指在有表面活性剂作用下在水体中形成稳定的细小乳状液油珠，通常十分稳定和分散，粒径小于 10 μm。可以采用化学破乳法和物理破乳法等方法去除。

1.1.1.4 溶解油

溶解油是指通常以分子状态存在于水体中的油珠，其粒径小于 1 μm 且与油水形成稳定的均相体系，其在餐饮废水中的含量极低，一般低于 1.5 %。可以采用化学氧化或生物氧化法去除。

1.1.1.5 含油固体物

含油固体物是指含有动植物油脂或者有油脂附着在表面的固体物质，可通过过滤等物理方式去除。

1.1.2 餐饮废油的油水分离处理技术

事实上国内的油水分离方法大致可以分为 4 种：一是物理方法；二是化学方法；三是物理方法和化学方法的结合；四是生物化学方法。

现在对几种应用比较广泛的油水分离方法的研究进展进行简要介绍。

1.1.2.1 重力沉降分离技术

重力沉降分离技术是指利用油脂在水中的溶解度低并且密度小于水的特点，使得水中的油珠不断上升并在水面形成油膜或油层的一种最简单实用的油水分离技术。油珠在水中主要受到浮力、重力和水的阻力作用，其上升速度主要受油珠在水中的粒径、黏度及水的流态等因素影响。重力沉降分离技术的主要设备是隔油池，主要有斜板隔油池（PPI）、平流隔油池（API）、Performax 板式聚结器、波纹斜板隔油池（CPI）等高效油水隔离池类型。

虽然重力沉降分离设备对水中的上浮油和悬浮油的去除有着良好效果，并且结构简单、操作方便，但是该设备的占地面积大，而且单纯采用重力沉降分离技术对水体中的乳化油和溶解油的分离效果并不好，因此现在多与多种其他的油水分离技术联合运用，以达到良好的除油效果。

1.1.2.2 离心分离法

利用餐饮废水中油和水的密度差异，将油水混合物在离心分离设备中高速旋转而产生巨大的离心力，让密度较小的油相逐步在离心分离设备中心聚结，而密度较大的水相则在离心分离器的外部聚结，从而达到油水分离的目的。离心分离技术不仅操作方便，在很短的时间内就能实现油水分离，分离效率较高，而且对乳化态餐饮废油也有较好的分离效果。但是在我国目前利用离心分离技术进行油水分离的工程较少，这主要是由于采用离心分离技术投入成本较高，不仅设备昂贵且设备比较费电，经济性差，极大地限制了离心分离技术的推广应用。

1.1.2.3 粗粒化分离法

粗粒化分离技术是指让油水混合相经过粗粒化材料，通过聚结分离或者碰撞分离的方式，使微小粒径的油珠通过粗粒化床后粒径变大的一种油水分离技术。粗粒化分离技术的关键在于粗粒化材料的选择。根据外形特点粗粒化材料基本可以分为板状粗粒化材料和粒状粗粒化材料。不同的粗粒化材料对油水分离效果会有很大的区别。

早在20世纪初，美国便对粗粒化分离技术有了相关研究，并申请了世界上第一个粗粒化技术相关的专利。但直到20世纪80年代左右，粗粒化分离技术才在餐饮废水中的动植物油脂分离处理中开始得到应用。

陈文征等利用自行设计的油水分离模拟装置，研究聚结材料的表面材料特性对油水分离效果的影响，结果发现：亲油型的板状聚结材料要比亲水性的板状聚结材料油水分离效果好；表面粗糙的板状聚结材料要比表面光滑的板状聚结材料更加有利于油水分离；对板状金属的聚结除油材料进行单面改性处理后，发现改性后的金属聚结材料的油水分离效果比亲油型板状聚结材料和亲水性板状聚结材料都要好，改性后的金属聚结材料油水分离效率可提升一倍以上。

李孟等考察改性陶瓷滤球对含油废水粗粒化效果，实验发现含油废水通过改性陶瓷滤球后油珠粒径明显增大，上浮油明显增多。这种方法能耗较低、除油效果好，有着良好的应用前景。

现阶段对粗粒化材料的开发、改性研究已经成了国内外的研究热点和重点方向。粗粒化分离技术具有投资少、除油效率高的优点，但是粗粒化材料的除油率会随着使用时间延长而逐步降低，需要对材料进行反复冲洗或者更换新材料。

1.1.2.4 吸附法

吸附法是通过比表面积大、多孔隙的吸附剂对含油废水中的废油脂等杂质的吸附作用，从而达到净化含油废水目的的一种油水分离技术。利用吸附技术处理餐饮废水最核心的就是找到一种除油性能良好、适用的吸附剂。

张道马等利用碳酸钠对白土进行改性，得到改性白土并研究其对餐饮废水的分离效果和适应参数条件。研究发现，在改性白土含量为 4%、处理温度为 60℃、处理时间为 40 min 时，除油率达到最高，为 93%，但此方法对 COD_{Cr}（重铬酸盐指数）去除率比较低。

张凤娥等先利用改性纤维球和特质无纺布对餐饮废水进行初过滤，去除餐饮废水中的悬浮油和上浮油，再利用核桃壳滤料对餐饮废水中含量较少的溶解油和乳化油进行吸附处理。结果证明：在 pH 值保持不变，核桃壳滤料含量为 30 g/L，振荡强度为 120 r/min，吸附时间为 20 min，温度保持在 30℃ 的时候，采用此方法对餐饮废水进行处理，餐饮废水中的 COD 去除率和除油率均可达到 69% 以上。

采用吸附法处理餐饮废水是一种有前景的油水分离技术，其操作简单，对乳化油和溶解油也有很好的去除效果，现阶段对吸附法的研究和应用主要集中在对吸附剂的挑选和改性方面。

1.1.2.5 气浮法

气浮法是通过在水体中通入空气或其他方式产生小气泡，小气泡吸附在水体中的油珠或者固体颗粒上，增加油珠和固体颗粒的浮力，使其上升到水面上形成一个含油泡沫层，再利用撇油器将油水进行分离的一种油水分离技术。根据产生气泡的机理不同，大致可以分为散气气浮、溶气气浮和电解气浮这 3 类。

吞永强等创新提出将气浮法和重力沉降分离技术结合起来处理餐饮废水，在传统的重力沉降分离方法的基础上进行改进，利用高压蒸汽对餐饮废水进行加热，同时利用高压蒸汽产生微气泡与气浮法在除油设备中巧妙地结合起来。此方法不仅可以处理餐饮废水中较容易处理的上浮油和悬浮油，对其中的乳化油也有很好的分离效果，具有很好的应用前景。

李俊等利用一种新的微气泡曝气装置，用于餐饮废水的预处理，将传统加压溶气气浮法和微气泡气浮法在相同工况下对餐饮废水进行预处理的对比试验，发现本方法除油率高、经济性好、操作简单、可稳定运行，在餐饮废水的预处理方面有着独到的优势，具有广泛的应用前景。

采用气浮法对餐饮废水进行油水分离，不但经济环保而且除油效率高，但是如何将气浮法应用在实际工程中还需要后续研究人员的实际操作和设计。

1.1.2.6　絮凝沉降法

絮凝沉降法作为一种经济、高效的油水分离方法运用到餐饮废水的油水分离中，通过添加絮凝剂改变油珠颗粒表面的稳定性，对油珠颗粒表面的电荷进行中和，使得油珠之间的电荷排斥力随之消失，油珠之间相互吸附，油珠粒径逐渐变大，大大增加油珠颗粒所受的浮力而上升至水相表面，达到餐饮废水中油水分离的效果。通常絮凝沉降法对餐饮废水中的乳化油有良好的分离效果。

马林转等将超声波技术与絮凝沉降技术结合起来对营养化的污水进行处理，选取 $FeCl_3$ 作为絮凝剂。研究发现，采用此方法可以有效提高污水中的 COD、BOD（biochemical oxygen demand，生化需氧量）去除率，在城市生活污水处理和净化中有着很好的应用前景。

丁保宏等选取聚硅酸铝对餐饮废水进行絮凝处理，结果发现聚硅酸铝的絮凝效果很好。在很短的时间内，在餐饮废水中加入少量的聚硅酸铝就可以使得餐饮废水中的 COD_{Cr} 去除率达到 88% 以上，通过与常用的过滤处理技术结合使用，可以使处理后餐饮废水达到国家污水排放标准。用此方法处理餐饮废水，高效实用、工艺流程简单且经济性很好。

张惠灵等选取聚合硫酸铁、聚硅铝铁和聚硅硫酸铝三种高分子无机絮凝剂，探究这三种无机絮凝剂对餐饮废水的处理效果，通过实际试验情况分析这三种无机絮凝剂对餐饮废水的絮凝效果，试验发现聚硅硫酸铝的絮凝效果相对其他两种无机絮凝剂更好。

采用絮凝沉降法处理餐饮废水虽然效率高、操作简单、经济性较好，但是采用絮凝沉降法难免会有絮凝剂的二次污染问题，因此发展环境友好型的绿色高效的絮凝剂是絮凝沉降法研究的重点方向。

1.1.2.7　生物处理法

生物处理法是利用微生物的代谢作用，将水体中的有机物质进行氧化分解的一种环保无污染的分离方法。生物法处理含油废水可以将水体中的有机相完全分解，净化含油废水。利用微生物处理法对餐饮废水进行处理，按照微生物需氧与否将其分为好氧生物处理法和厌氧生物处理法。好氧生物处理法主要包括生物膜法（生物滤池、生物转盘、生物氧化塔）、接触氧化池、活性污泥法等；厌氧生物处理法主要有升流式厌氧污泥床（UASB）、厌氧活性污泥法等。

黄凌等利用专业工具在排污管道中的餐厨垃圾中分离出在低温条件下仍有高效油脂分解能力的 DJ-1 与 DJ-4 两种菌株，在实验室中对 DJ-1 菌株多次培养后，发现在 5℃的低温条件下，利用 DJ-1 菌株对含油量为 2 000 mg/L 油菜籽油的模拟含油废水进行处理，其除油率可以达到 70.63%。

易友根主体上采用混凝气浮－生物接触氧化工艺，对经过隔离池预处理后的餐饮废水进行生物接触性氧化处理，结果发现经过系统处理的餐饮废水出水水质达到国家污水水质排放标准。

生物处理法处理餐厨废水，除油效果好，可以使出水水质达到排放标准，但是微生物的培养和维护，以及整个处理基地的建设费用较高。

1.1.2.8　高级氧化法

高级氧化法是指利用高级氧化剂在水中产生的 •OH，而 •OH 拥有极强的氧化性，容易与水体中的有机物发生一系列复杂的化学反应，使大分子的有机物氧化降解。常见的高级氧化剂有芬顿、双氧水和臭氧。

高航等利用高级氧化法结合生物膜法和吸附法对城市的生活污水进行处理，研究发现这三种方法中，氧化促进吸附法，吸附法促进生物膜法，而生物膜法反过来作用吸附法的协同作用，通过这种协同作用使城市污水得到有效、快速、节能的处理。

班福忱等针对地下水中难处理的石油烃类污染物，采用臭氧高级氧化法对其进行处理，试验研究发现：利用臭氧对地下水中的石油烃类污染物进行高级氧化法处理后，地下水中的石油烃类污染物含量减少到原来的 10% 以下，试验表明臭氧高级氧化法十分适合处理石油烃类的地下水污染物，对其有良好的除油效果，在餐饮废水的处理中有较好的应用前景。

总体来说，每一种油水分离技术都有其自身的优势和缺点，采用单一的餐饮废水油水分离方法已经不能满足现阶段我国对环境保护方面的硬性要求，对于越来越严格的环境卫生标准，今后的餐饮废水分离技术的发展方向必将是多种分离技术优化协同处理餐饮废水，才能达到最佳的处理效果。

1.2　餐饮废水油水分离基础试验

1.2.1　餐饮废水中含油量的测定

在对餐饮废水油水分离的各项试验过程中，对餐饮废水中含油量的准确测定是所有试验数据准确的基础，有着重要的意义。现阶段对餐饮废水中含油量有多种测定方法，如红外分光光度法、紫外分光光度法、重量法、荧光分光光度法，各种方法都有各自的优势和应用条件。红外分光光度法，《水质 石油类和动植物油类的测定 红外分光光度法》（HJ 637—2018）被广泛地利用到水体中动植物油脂含量的测定中，但是需要采用有机溶剂作为萃取液将动植物油脂萃取出来才能进行测量，操作复杂而且需要利用大量的有机溶剂，对环境和人体的危害巨大，该方法检测限低，在含油量超过 100 mg/L 时需对样品进行稀释才能测定。

本节提出在特定的条件下将餐饮废水配制成均匀分布的稳定乳状液，利用 TU-1950 双光束紫外可见分光光度计来测量乳化液在可见光范围内的吸光度，依据吸光度的不同推算出餐饮废水中含油量。

1.2.1.1　主要仪器和试剂

仪器：TU-1950 双光束紫外可见分光光度计（北京普析通用仪器有限责任公司）；FA25-25DG 高剪切分散乳化均质机（上海弗鲁克流体机械制造有限公司）；旋转蒸发仪（郑州长城科工贸有限公司）。

试剂：餐饮废水（重庆环卫集团和学校食堂取样）；标准油（将餐饮废水用 1+1 硫酸（硫酸与水的体积比为 1：1）酸化后，利用正己烷反复萃取 5～6 次，到水相中没有杂质为止，在分离得到的油相中加入无水硫酸钠至不结块。将油相放入旋转蒸发仪中，在 70℃将正己烷蒸馏处理，并置于 70℃左右的恒温箱中，得到标准油样）；十二烷基苯磺酸钠（分析纯）；辛基酚聚氧乙烯醚-10（分析纯）；聚氧乙烯失水山梨醇单油酸酯（分析纯）；无水硫酸钠（分析纯）；正己烷（分析纯）；1＋1 硫酸。

1.2.1.2　试验原理

正常情况下，餐饮废油在水中溶解度很低，不能利用分光光度法直接测量。若将其配制成均匀稳定的乳化液，当有光束照射到配制成的乳化液时，乳化油颗粒对光束有散射作用，使得部分光线发生散射不能顺利通过，因此造成透射比的降低。乳化液的浓度越大，吸光度的越大。利用朗伯－比尔定律，即：

$$A = \lg(1 / T) = Kbc \tag{1.1}$$

式中：A——吸光度；T——透射比；c——吸光度，单位为 mol/L；b——吸收层厚度，单位为 cm。

通过公式（1.1）可以知道，将餐饮废水配制成稳定的乳化液之后，一定浓度范围内，利用乳化油在特定波长下乳化液浓度与吸光度之间的线性关系图，从而准确、快速测量餐饮废水中含油量。

1.2.1.3 乳化油的配制

（1）乳化剂的优选。

乳化液的配制是提出测定方法的重要一环，乳化剂种类的选择将对整个结果产生决定性的作用。为了达到试验要求，要求乳化剂溶液首先不能在所测量波长范围有明显吸收，其次为了形成稳定的 O/W 型的乳化液，只有选取 HLB（表面活性剂的亲水亲油平衡值）在 8～18 的表面活性剂才适宜。本节选取了符合要求的三种常见的乳化剂进行优选，其基本性能参数如表 1.1 所示。

表 1.1　三种常见乳化剂的基本性能参数

名称	分子式	HLB
十二烷基苯磺酸钠	$C_{18}H_{29}NaO_3S$	10.6
辛基酚聚氧乙烯醚 -10	$C_{42}H_{62}O_{11}$	14.5
聚氧乙烯失水山梨醇单油酸酯	$C_{24}H_{44}O_6$	15.0

分别将三种所选的乳化剂配制成 3 000 mg/L 的溶液，并用 TU-1950 双光束紫外可见分光光度计分别测得三种乳化剂溶液的光谱扫描图，如图 1.1 所示。

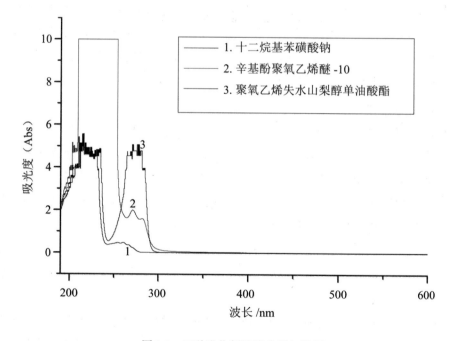

图 1.1　三种乳化剂溶液光谱扫描图

从图 1.1 可以看出，三种表面活性剂在波长大于 350 nm 时吸光度均较低，其中以十二烷基苯磺酸钠吸光度最低（＞0.001），而且十二烷基苯磺酸钠价格较低、经济性好，因此本节选取十二烷基苯磺酸钠作为乳化剂，以十二烷基苯磺酸钠含量为 3 000 mg/L 的溶液为参比溶液。

（2）乳化液测定吸收波长的确定。

对于不同浓度的同一物质，其所拥有的最大吸收波长 λ_{max} 是一定的，在吸收峰的吸光度随浓度增加而增大，因此可对相应物质进行定量分析，并且 λ_{max} 处测定吸光度的误差最小、灵敏度最高。

以十二烷基苯磺酸钠为乳化剂配制成含油量为 1 000 mg/L 的餐饮废油乳化液（乳化剂含量为 3 000 mg/L）。在 TU-1950 双光束紫外可见分光光度计上进行光谱扫描，扫描图谱如图 1.2 所示。

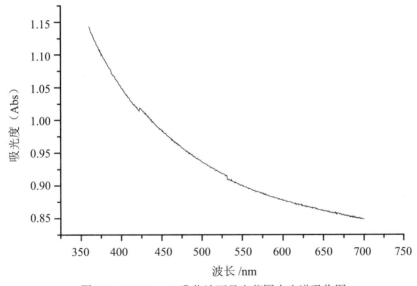

图 1.2　1 000 mg/L 乳化油可见光范围内光谱吸收图

由图 1.1 和图 1.2 中可以总结出，当光波波长小于 350 nm 时，十二烷基苯磺酸钠溶液的吸光度迅速上升；当光波波长大于 350 nm 时，乳化液吸光度随着波长的减小而小幅度增加。因此为了减小对接近紫外波长范围后的吸光度突变的影响，选取的测定波长必须大于 350 nm，因此本节采用 400 nm 为测定吸收波长。

（3）乳化液搅拌时间的确定。

以十二烷基苯磺酸钠作为乳化剂，在 10 000 r/min 的转速，不同的搅拌时间下配制成含油量为 1 000 mg/L、乳化剂含量为 3 000 mg/L 的乳化液，并分别测定其在 400 nm 处的吸光度，然后以搅拌时间为 x 轴，以吸光度为 y 轴绘制搅拌时间和吸光度之间的关系，结果见图 1.3。

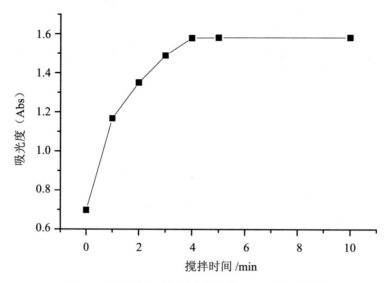

图 1.3 不同搅拌时间下乳化油在 400 nm 处吸光度

搅拌时间直接关系到乳化液的粒径分布，而乳化液的粒径分布对吸光度有直接影响，从图 1.3 明显看出，随着搅拌时间的增加，乳化液的吸光度快速上升，当搅拌时间大于 4 min 以后，上升幅度快速降低，几乎不发生变化，因此本节采用搅拌时间为 5 min。

1.2.1.4 标准工作曲线的绘制

利用电子天平在室温下的 1 000 mL 容量瓶中准确称取质量 100 mg 的标准油和 3 g 的十二烷基苯磺酸钠，在容量瓶中用实验室制备的蒸馏水定容，将含有餐饮废水和十二烷基苯磺酸钠混合液加入电动搅拌机，以 10 000 r/min 的高速搅拌 5 min 形成稳定的乳化液，即含油量为 100 mg/L 的标准油样，按照相同的方法配制成浓度阶梯为 100 mg/L 的标准油样 15 份，并对其进行编号，使用 1 cm 的石英比色皿测定其在 400 nm 处吸光度，然后以 x 轴为浓度 c，y 轴为吸光度（Abs）绘制吸光度和浓度的标准曲线图，如图 1.4 所示。

通过测定的数据，以标准溶液的浓度为横坐标，标准溶液的吸光度为纵坐标，绘制成吸光度和溶液含油量之间的标准工作曲线。由图 1.4 可以看到标准曲线在浓度低于 1 000 mg/L 的时候有着显著的线性关系，但当浓度超过 1 000 mg/L 时，线性相关性开始变小。在浓度低于 1 000 mg/L 时，乳化油的吸光度和其浓度之间

的线性方程为 $y = 0.0017x + 0.1186$，相关系数 $R^2 = 0.9943$，可见标准曲线中吸光度和浓度拥有良好的相关性，因此可以作为餐饮废水中含油量的测量标准工作曲线，并且标准工作曲线检出限较高。在实际工作中采用此曲线，可以大大缩短测量时间，减少有机溶剂对人体的危害，并且所测结果与国家环境保护标准 HJ 637—2018 所测结果十分接近。因此，此方法是一种可以准确、快速测定餐饮废水中含油量的新方法。

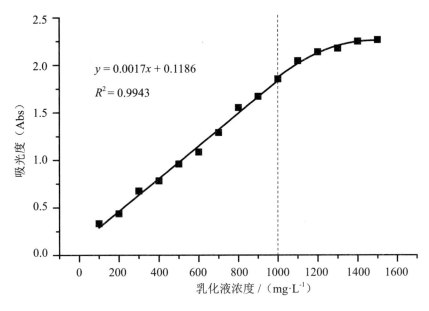

图 1.4　400 nm 处乳化油浓度和吸光度之间关系图

1.2.1.5　测量准确度验证

（1）试验数据方差计算。

为了验证试验数据的可靠性和重复性，配制 10 组含油量为 1 000 mg/L 的乳化液，并在 400 nm 处测定它们的吸光度，得到的数据结果分别为 1.859、1.848、1.854、1.858、1.846、1.857、1.853、1.852、1.854、1.853，并对这 10 组数据的平均值方差进行计算得平均值为 1.853 4、方差为 0.004 115，结果表明所测定的 10 组数据十分接近，表明所测的数据波动较小，呈现良好的重复性和可靠性。

（2）加标回收率试验。

加标回收率法是实验室中一种常用的确定数据准确性的方法，分为空白加标回收法和样品加标回收法两种。其中空白加标回收法是指在含有被检测样品中加入定量的标准样品物质，按照方法对样品进行测定，并和理论中进行对比的一种方法；样品加标回收法是测定两份相同的待测定的样品，在其中一份中加入定量的标准样品物质，用同样的试验分析测试，将加标的一份所测定数据和未添加的一份数据相减，与理论值进行对比，从而得出样品加标回收率的一种方法。在本试验中我们采用第二种方法，即样品加标回收率法，其测定公式（1.2）如下所示：

加标回收率 =（加标试样测定值 − 试样测定值）÷ 加标量 × 100%　　（1.2）

随机选取 4 个餐饮废水样品，利用标准工作曲线，对每一个样品的回收率进行 3 次测试，所得数据如表 1.2 所示。

表 1.2　标准曲线法测定回收率数据表

样品序号	加标量 /mg	加标后浓度 − 样品浓度 /（mg·L^{-1}）	回收率 /%
1	113	365-261	92.04
	254	503-261	95.28
	334	601-261	101.80
2	157	456-305	96.18
	312	625-305	102.56
	443	740-305	98.19
3	183	553-359	106.01
	377	717-359	94.96
	512	845-359	94.92
4	213	631-431	93.90
	327	743-431	95.41
	432	842-431	95.14
平均回收率 /%		97.20	

表 1.2 中的数据表明，利用标准工作曲线，对 4 个样品所测得的回收率平均值较高，为 97.20%，可以表明此方法所测定的数据有较好的准确性。

1.2.1.6　测定准确度比较

为了验证此测定方法的准确性，从 5 个食堂取得不同浓度的餐饮废水样品 B_1、B_2、B_3、B_4、B_5，分别对这 5 个样品用 HJ 637—2018 和本章所采用方法测定，

以 C_1 表示用国家环境保护标准 HJ 637—2018 测量结果，C_2 表示用本章方法测定的结果，并对 C_1 和 C_2 所得数据进行对比，其数据结果如表 1.3 中所示。

表 1.3　两种方法测定结果数据表

样品	B_1	B_2	B_3	B_4	B_5
C_1/（mg·L^{-1}）	73.1	261.0	469.8	729.5	930.3
C_2/（mg·L^{-1}）	71.9	259.6	471.0	731.1	928.5

在表 1.3 中可以看到，C_1 和 C_2 所得的数据可以看出两种方法所得数据相差不大，可见两种方法均可以准确测出餐饮废水中的含油量。但在实际操作过程中，据相关文献报道，用国家环境保护标准 HJ 637—2018 测量浓度大于 100 mg/L 的时候，就必须对测量溶液进行稀释才能用于测量，因此对于高浓度的餐饮废油测量时需要消耗大量的四氯化碳，不仅污染环境，而且危害人体健康。采用本章中的测定方法，不仅可以准确测定出餐饮废水中的含油量，而且可以消除有机溶剂对环境和人体的影响，并且检测限较高，一般不用对溶液进行稀释，操作便捷、测定快速。

1.2.2　超声波聚结破乳除油试验

超声波是指频率大于 20 000 Hz 的高频率声波，超过了人类能够听到的范围（20 ~ 20 000 Hz）。现阶段针对超声波对餐饮废水中乳化油的聚结破乳研究在国内还比较少见，利用超声波技术处理餐饮废水不仅除油效果好、除油效率高，而且不会对餐饮废水水体产生二次污染和增大餐饮废水水体的后续处理难度。

超声波作用在餐饮废水中会使得其中的乳化态餐饮废油发生位移效应和热效应，增加油珠颗粒的碰撞概率生成粒径更大的油珠颗粒。采用超声波技术处理餐饮废水时，如果超声波的强度过低，则会使得除油效果不理想，如果超声波的强度过高，则容易使油珠颗粒破碎生成粒径更小的油珠，因此探究超声波技术处理餐饮废水的最佳参数显得十分必要。本章选取超声波频率、处理时间、处理温度等影响因素，采用单一变量法对超声波处理乳化态餐饮废水的效果进行测评。

1.2.2.1　试验废水的配制

（1）标准油的制备。

为科学准确地评定超声波技术对乳化态的餐饮废水的聚结除油效果，需要配制已知含油量的乳化态餐饮废水。通过对重庆市环卫集团和学校食堂的高浓度餐饮废水进行取样，将餐饮废水用 1+1 硫酸酸化后，利用正己烷反复萃取 5 ~ 6 次，直到水相中没有杂质为止，在分离得到的油相中加入无水硫酸钠至不结块。将油相放入旋转蒸馏仪中，在70℃将正己烷蒸馏处理，并置于70℃左右的恒温箱中，得到标准油。

（2）试验废水的配制。

准确称取定量的标准油，加入适量的水和乳化剂十二烷基苯磺酸钠，利用FA25-25DG高剪切分散乳化均质机让混合液在10 000 r/min的高速下搅拌5 min形成固定浓度的、稳定的餐饮废水乳化液。

1.2.2.2　超声波功率对超声波聚结破乳效果的影响

超声波功率是超声波能量的直接体现，功率越高超声波所含的能量越高。功率较低不能达到理想的除油效果，功率较高时可能使得乳化态餐饮废油破碎，导致粒径变小，让餐饮废水乳化更加严重。因此要对超声波功率对超声波聚结破乳的最佳功率进行探究。

在1 000 mL的烧杯中加入制备的含油量为1 000 mg/L的乳化态餐饮废水500 mL，在试验温度为50℃，乳化剂含量为3 000 mg/L的条件下，放在超声波功率分别为10 W、20 W、30 W、40 W、50 W、60 W、70 W、80 W、90 W、100 W的环境下处理20 min，然后放置在温度为30℃的恒温水浴箱中静置30 min，取底部样对取样含油量进行测定，其除油率数据结果如图1.5所示。

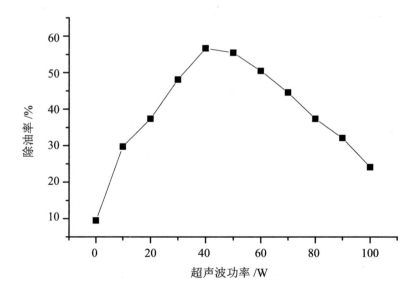

图1.5　超声波功率对除油率的影响

从图1.5可以看出来,相比0 W不用超声波,使用超声波技术可以提高除油率。除油率随着超声波功率的增加呈现先增加后减小的趋势,在超声波功率为40 W的时候除油率达到最大值为56.7%。原因是在使用超声波技术产生的位移效应和热效应的影响下,餐饮废水中的乳化油颗粒发生碰撞的概率明显增加,生成粒径更大的乳化液颗粒,但是当超声波功率达到一定程度的时候由于剧烈的机械振动,使得部分乳化液颗粒发生破裂生成粒径更小的乳化液颗粒,从而使得除油率开始逐步下降。

1.2.2.3　处理时间对超声波聚结破乳效果的影响

将乳化态餐饮废油放置于超声波环境中进行破乳效果的研究,超声波处理时间的长短直接关系到超声波聚结破乳效果,处理时间不够不能达到理想的除油效果;处理时间过长不仅是对能量的浪费,而且会造成处理效率的降低,甚至会降低聚结破乳效果。因此对超声波处理时间对超声波聚结破乳的最佳参数研究有着重要意义。

在1 000 mL的烧杯中加入制备的含油量为1 000 mg/L的乳化态餐饮废水500 mL,在试验温度为50℃,乳化剂含量为3 000 mg/L的条件下,放在超声波功率为40 W的环境下分别处理0 min、5 min、10 min、15 min、20 min、25 min、30 min,处理完毕后放置在温度为30℃的恒温水浴箱中静置30 min,取底部水样并对取样含油量进行测定,其除油率数据结果如图1.6所示。

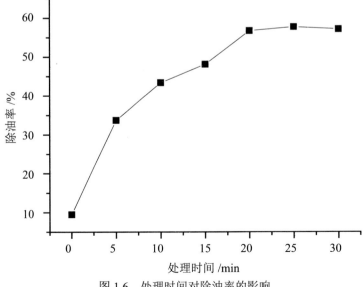

图1.6　处理时间对除油率的影响

从图 1.6 可以看出来，利用超声波技术处理乳化态餐饮废水，随着处理时间的增加，除油率呈现开始迅速增加然后逐步趋于缓和，甚至有一定下降的趋势。其原因在于，利用超声波处理乳化态餐饮废油，随着处理时间的增加，乳化态餐饮废油有充分的时间进行聚结所以除油率会迅速增加，但是当处理时间超过 20 min 后，除油率开始趋于缓和达到饱和状态，若再增加处理时间甚至起到反作用的效果。

1.2.2.4　处理温度对超声波聚结破乳效果的影响

利用超声波技术对乳化态餐饮废水进行聚结破乳处理时候，超声波处理温度影响餐饮废水中液相的运动情况和乳化态餐饮废油之间的碰撞概率，而且随着处理温度的提高会降低餐饮废水水体的黏滞系数和乳化油在水体中的阻力，增大乳化油颗粒之间的碰撞概率；同时随着处理温度的提高，加热餐饮废水所需时间和能耗迅速增加，在实际工业化应用中的经济性和效率都会迅速降低。因此研究超声波处理温度对超声波聚结破乳的最佳参数有着重要意义。

在 1 000 mL 的烧杯中加入制备的含油量为 1 000 mg/L 的乳化态餐饮废水 500 mL，在乳化剂含量为 3 000 mg/L，超声波功率为 40 W 的条件下，将试验废水分别放在 30℃、40℃、50℃、60℃、70℃、80℃ 的温度下处理 20 min，处理完毕后放置在温度为 30℃ 的恒温水浴箱中静置 30 min，取底部样用并对取样含油量进行测定，其除油率数据结果如图 1.7 所示。

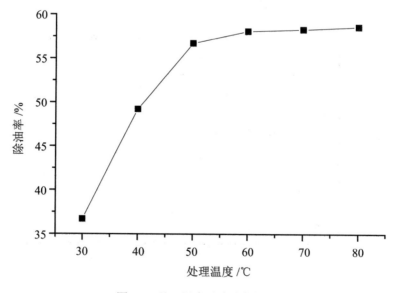

图 1.7　处理温度对除油率的影响

从图 1.7 可以看出来，利用超声波技术处理乳化态餐饮废水，随着处理温度的增加，除油率呈现先迅速增加然后逐步趋于缓和的趋势。分析原因，利用超声波处理乳化态餐饮废油，随着处理温度的增加，乳化态餐饮废油的运动加速，乳化油之间的碰撞概率增加，加上餐饮废水水体的黏滞系数下降，导致乳化油的阻力降低，增大了乳化油颗粒碰撞的概率。从图 1.7 中可以看出来当温度到达 50℃后，除油率的增幅明显降低，且此时除油率已经达到很高，如若继续增大温度不仅除油率的增加不明显，反而会使得热能的消耗更大，工业应用经济性变差。

1.2.2.5 响应曲面法（RSM）优化超声波聚结破乳除油参数

响应曲面法（response surface methodology，RSM），是一种结合了统计原理和数学方法的分析方法，通过对某个感兴趣的响应值受多个因素影响的问题进行建模，达到对此响应优化目的的一种方法。通过响应曲面法我们最终可以模拟推算出此响应值的最佳运行参数或者条件。近年来，响应曲面法作为一种有效的分析方法，被广泛应用于试验分析和工程应用中。相对于传统的正交试验，响应曲面法可以连续对试验中各个水平因素进行分析，相比正交试验却只能对少数的孤立的数据点进行分析。本章为了研究超声波技术对乳化态餐饮废水的破乳效果的最佳参数，在单因素的试验基础上，应用响应曲面法中的 Box-Behnken 模型，对超声波破乳参数条件进行优化分析，用来确定其最佳的破乳参数条件，为超声波技术在餐饮废水破乳化中的应用提供有效的参考依据。

（1）Box-Behnken 试验模型的设计。

综合考虑单因素条件对乳化态餐饮废水的破乳结果基础上，应用响应曲面法中的 Box-Behnken 模型，以超声波功率（W）、超声波处理时间（min）以及超声波处理温度（℃），分别用 X_1、X_2、X_3 来代表，而用 +1、0、-1 来代表各个影响参数的水平，依据方程 (1.3) 对自变量进行编码处理：

$$x_b = (X_z - X_s) / \Delta X \tag{1.3}$$

式中，x_b——变量的编码值；X_z——变量的真实值；X_s——试验过程中心点变量的真实值；ΔX——重力加速度，m/s^2。

利用公式（1.3）以乳化态餐饮废水的除油率 Y 为响应值，其结果如表 1.4 所示。其中响应值中餐饮废水的含油量参照国家环境保护标准《水质 石油类和动植物油类的测定 红外分光光度法》（HJ 637—2018）进行测定，对比前后含油量的变化，计算出相应的除油率。

表 1.4　中心组合试验 Box-Behnken 方案设计因素和水平编码值表

因素	编码水平		
	−1	0	+1
超声波功率 /W	30	40	50
处理时间 /min	20	25	30
处理温度 /℃	50	60	70

（2）响应曲面分析方案及结果。

综合考虑单因素试验结果，对超声波功率、超声波处理时间、超声波处理温度 3 个因素进行响应曲面分析试验，并利用 Design Expert 8.0 软件对试验的响应值进行回归分析，通过软件对试验方案进行设定，考察各因素在不同条件下的除油率。

以 X_1、X_2、X_3 为自变量，乳化态餐饮废水的除油率为响应值 Y，响应曲面试验设计及结果如表 1.5 所示。

表 1.5　响应曲面试验设计及结果

序号	X_1	X_2	X_3	除油率 /%
1	0	1	−1	57.7
2	−1	0	1	49
3	0	0	0	56.9
4	1	0	1	56
5	−1	−1	0	44.6
6	1	1	0	57.2
7	0	−1	1	54.9
8	0	0	0	57.1
9	0	1	1	57.9
10	1	−1	0	55.1
11	0	0	0	57
12	−1	0	−1	48.1
13	1	0	−1	55.5

续表

序号	X_1	X_2	X_3	除油率 /%
14	0	0	0	56.6
15	0	−1	−1	54.3
16	−1	1	0	49.5
17	0	0	0	57.3

如表 1.5 所示，总共选取了 17 个试验分析点，其中有 5 个零点试验，12 个是分析因点，零点的试验重复 5 次，用来评估出整个试验误差范围。然后利用 Design-Expert 8.0 专业分析软件对表 1.5 中的 17 个试验分析点的响应值进行回归分析，得出的二次多元回归方程如下：

$$Y = 56.98 + 4.08X_1 + 1.68X_2 + 0.27X_3 - 0.7X_1X_2 - 0.1X_1X_3 - 0.1X_2X_3 - 4.72X_1^2 - 0.67X_2^2 - 0.11X_3^2$$

由上式可知，各因素对乳化态餐饮废水的除油率的影响显著性顺序依次为超声波功率 > 超声波处理时间 > 超声波处理温度。对上述求得的二次多元回归方程进行方差分析，结果如表 1.6 所示。

表 1.6　回归方程的方差分析

因素	平方和	自由度	均方	F 值	P 值
模型	255.79	9	28.42	91.98	< 0.000 1
X_1	132.85	1	132.85	429.92	< 0.000 1
X_2	22.45	1	22.45	72.64	< 0.000 1
X_3	0.61	1	0.61	1.96	0.204 5
X_1X_2	1.96	1	1.96	6.34	0.039 9
X_1X_3	0.040	1	0.040	0.13	0.729 6
X_2X_3	0.040	1	0.040	0.13	0.729 6
X_1X_1	93.61	1	93.61	302.93	< 0.000 1
X_2X_2	1.86	1	1.86	6.03	0.043 8
X_3X_3	0.056	1	0.056	0.18	0.683 9
残差	2.16	7	0.31	—	—
失拟项	1.90	3	0.63	9.43	0.027 6

续表

因素	平方和	自由度	均方	F 值	P 值
纯误差	0.27	4	0.067	—	—
总和	257.95	16	—	—	—

由表 1.6 可知，建立的模型的 F 值为 91.98 $> F_{0.01}$（9，4）=14.66，$P <$ 0.000 1，表明该模型具有高度的显著性。当 P 值小于 0.05 时，表明该值为显著的，易知 X_1、X_2、X_1X_2、X_1^2、X_2^2 项对餐饮废水的除油率影响显著，因此各具体试验因子对响应值的影响不是简单的线性关系。失拟项 F 值为 9.43，不显著，并且该模型的复相关系数平方 $R^2 =$ 0.991 6，修正相关系数平方 $R_{Adj}^2 =$ 0.980 8。

根据回归模型利用 Design-Expert 8.0 专业分析软件作出相对应的响应曲面和等高线如图 1.8 至图 1.13 所示。

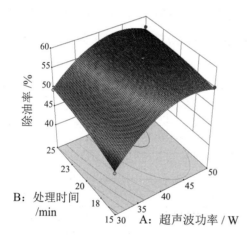

图 1.8　处理时间和超声波功率影响
除油率的响应曲面图

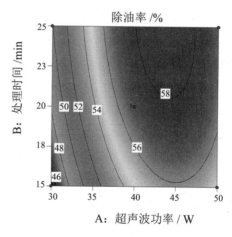

图 1.9　处理时间和超声波功率影响
除油率的等高线

由图 1.8 和图 1.9 可以看出来，在处理温度为 60℃ 的前提下，应用超声波聚结技术对乳化态的餐饮废水进行破乳除油试验时，随着超声波功率的升高，餐饮废水除油率呈现先增加后减小的趋势，当超声波功率 44.2 W 时候达到最优值；随着处理时间的增加，餐饮废水的除油率也同样呈现先增加后缓慢下降的趋势，并在 24.5 min 的时候达到最佳。综合图 1.8 和图 1.9，在处理温度为 60℃ 的前提下，超声波功率和处理温度对餐饮废水的除油率有着明显的影响，并且在超声波功率为 44.2 W、处理时间为 24.5 min 的时候有最大值，为 58.54%。

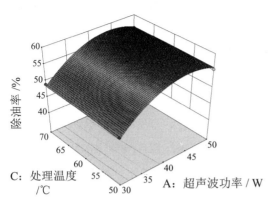

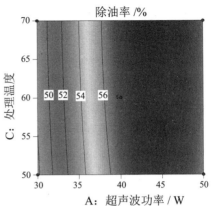

图 1.10　处理温度和超声波功率影响
除油率的响应曲面图

图 1.11　处理温度和超声波功率影响
除油率的等高线

由图 1.10 和图 1.11 可以看出，在处理时间为 20 min 的前提下，应用超声波聚结技术对乳化态餐饮废水进行破乳除油试验时，随着超声波功率增加，餐饮废水除油率呈现先增加后减小的趋势；随着处理温度的升高，表现出逐步上升的趋势。综合图 1.10 和图 1.11，在处理时间为 20 min 的前提下，超声波功率在 44.5 W 时，温度为 70℃时除油率达到最大值为 57.96%。

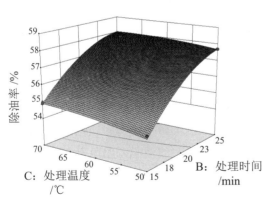

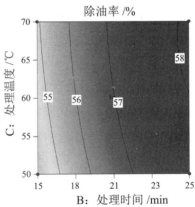

图 1.12　处理温度和处理时间影响
除油率的响应曲面图

图 1.13　处理温度和处理时间影响
除油率的等高线

由图 1.12 和图 1.13 可以看出来，在超声波功率为 40 W 的前提下，应用超声波聚结技术对乳化态的餐饮废水进行破乳除油试验时，当温度超过 50℃时，随着处理温度的升高，餐饮废水除油率呈现缓慢上升的趋势；随着处理时间的延长，餐饮废水的除油率也同样呈现先增加后缓慢下降的趋势。综合图 1.12 和图

1.13，当超声波功率为 44.5 W，处理温度为 70℃、处理时间为 24.5 min 时，除油率达到最大值为 58.04%。

利用 Design-Expert 8.0 专业分析软件分析，为了得出最佳的利用超声波技术处理餐饮废水的最优点，本节利用 Matlab 7.0 软件进行编程计算，得出最佳的参数条件，得到编码值的最佳参数条件是：$X_1 = 0.430$，$X_2 = 0.900$，$X_3 = 1.000$，通过代入换算公式计算出真实值，得到最佳参数条件：超声波功率为 44.3 W，超声波处理温度为 70℃，超声波处理时间为 24.5 min，超声波技术对乳化态餐饮废水的除油率可达到最高的 59.23%。结合实际工程应用情况，将处理温度加热到 70℃将消耗大量的能量，而当温度为 50℃以后，提高温度对除油率的提高并不明显，若采用处理温度为 50℃，可以使整个设备消耗的能量减小很多，拥有着良好的经济性。在处理温度为 50℃，超声波功率为 44.3 W，超声波处理时间为 24.5 min 时，处理乳化态的餐饮废水，得出除油率为 57.89%，相比 56.7% 有了一定的提高，在实际工程应用中采用可更加有效提高餐饮废水的除油率，对下一步餐饮废水高效油水分离器的制备有着重要的指导意义。

1.2.3 粗粒化技术在餐饮废水中的油水分离试验研究

粗粒化技术又称聚结技术，广泛应用于含油废水的油水分离中，利用粗粒化技术对含油废水进行油水分离最主要取决于对材料的优选。根据材料对油水的亲和力不同，可以将材料分为亲油型聚结材料和亲水型聚结材料；根据材料的形态，可以将材料分为板状聚结材料和粒状聚结材料。

1.2.3.1 板状聚结材料的优选

板状聚结材料应用到餐饮废水油水分离中是利用餐饮废油和水之间的亲和力差别悬殊的特点，让餐饮废油的油珠吸附在板状聚结材料表面，当达到一定的厚度后，在水流和浮力的共同作用下，聚结材料表面的油膜开始脱离形成粒径更大的油珠，在浮力的作用下迅速上浮至液体表面，从而实现油水分离的一种高效的油水分离方法。此方法主要针对的是餐饮废水中的分散油和乳化油。

板状聚结材料一般以聚结板组的情况出现在油水分离器中，被广泛地应用于油田的含油污水处理中，但将板状聚结材料运用到餐饮废水中的研究还比较少，因此研究将板状聚结材料应用到餐饮废水中进行高效的油水分离有着重要的实际意义和价值。

前人做出的大量试验证明，采用亲油型的板状聚结材料对含油废水的油水分离效果要明显好于亲水型的板状粗粒化聚结材料。本试验挑选两种常见的亲油型板状聚丙烯材料和亲水型板状玻璃钢材料，对其进行餐饮废水的油水分离试验并进行考察。

（1）试验废水的配制。

利用 JB200-D 型强力电动搅拌机在转速 1 200 r/min 条件下将含油量为 350 mg/L 的餐饮废水搅拌均匀，通过蠕动泵以 (150±10) L/h 的流速将含油废水送入聚结油水分离器中，在排水处收集水样并编号，参照国家环境保护标准《水质　石油类和动植物油类的测定　红外分光光度法》（HJ 637—2018）对水样的含油量进行测定，得出相应的除油率。

（2）板状聚结材料的除油试验研究。

为了探究板状聚结材料在油水分离器中的分离效果，模拟餐饮废水在油水分离器中的运行情况，自行研究设计了油水分离器，将亲油型板状聚丙烯材料和亲水型板状玻璃钢材料制作成间距为 5 mm 的板状聚结材料组放置于自行设计的油水分离器中，油水分离器的构造示意图如图 1.14 所示。

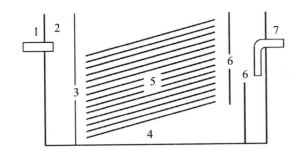

1—入口构件；2—预分离室；3—布水板；4—油水分离室；

5—聚结隔板组；6—隔流板；7—淹没管式出口

图 1.14　油水分离器内部构造示意图

试验过程中，流速为 (150±10) L/h，废油在油水分离器中的平均停留时间 $t = Q/v = 14.4$ min。将实验室自制的板状聚结材料制作成间距为 8 mm 的 400 mm × 285 mm × 5 mm 的板状聚结材料组放在自制油水分离器中。据相关文献报道，聚结材料组角度为 15° 时餐饮废油的分离效果最佳，将聚结材料组亲水面朝上倾斜 15° 放置在自制油水分离器中，整个分离装置的结构如图 1.15 所示。

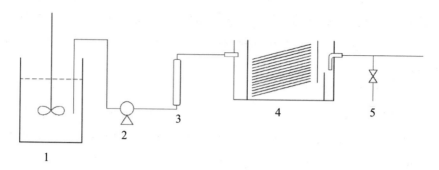

1—搅拌器；2—离心泵；3—流量计；4—自制油水分离器；5—出水取样口

图 1.15　分离装置的结构

在试验温度为 50℃、试验废水含油量为 350 mg/L 的条件下，让试验废水以 (150±10) L/h 的水体流速经过图 1.15 的分离装置，分别对亲油型板状聚丙烯材料和亲水型板状玻璃钢材料的除油性能进行测试。试验中，让试验废水在分离装置中稳定运行 30 min 后在出水取样口取 3 份样品，并测定相应的含油量，从而得出相对应的除油率，此聚结材料的除油率为 3 次除油率的平均值，其结果如图 1.16 所示。

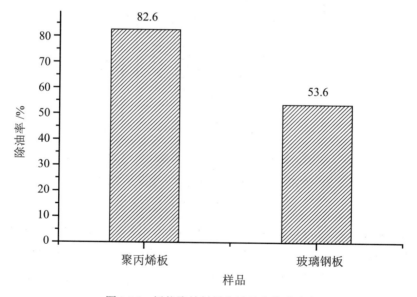

图 1.16　板状聚结材料在试验中的除油率

在图 1.16 中可以明显看出采用亲油型聚丙烯材料的除油率要明显高于亲水型的玻璃钢材料。分析原因是亲油型的聚丙烯材料对餐饮废油的亲和力明显要好于亲水型的玻璃钢板材料，餐饮废油能够比较容易地吸附在聚丙烯板材料上形成油膜，在水流的冲洗下脱落生成较大的油珠的效率和速度也就越快，因此选取板状聚结材料选取亲油性较好的聚结材料可以达到更好的聚结效果。

1.2.3.2 改性聚丙烯材料对餐饮废水的油水分离特性研究

经过对板状聚结材料的优选，选取聚丙烯材料作为板状聚结材料。为了进一步提高聚丙烯材料在餐饮废水分离器中油水分离的效果，通过将聚丙烯材料在 $K_2Cr_2O_7/H_2SO_4$ 溶液中进行单面液相氧化改性，得到具有单面亲水特性的改性聚丙烯材料，对其在餐饮废水油水分离器中的分离效果进行了测试。

（1）主要试剂和仪器。

试剂：聚丙烯板（尺寸为 400 mm × 285 mm × 85 mm）；餐饮废油（重庆市环卫集团提供，将餐饮废油通过过滤水洗、40℃水洗、4 000 r/min 高速离心后，分离得到上层油样）；$K_2Cr_2O_7$（分析纯）；H_2SO_4（$\rho = 1.84$ g/mL）；Ag_2SO_4（分析纯）；$HgSO_4$（分析纯）；$K_2Cr_2O_7/H_2SO_4$ 溶液（$K_2Cr_2O_7$、H_2SO_4、H_2O 的体积比为 4.4 : 88.5 : 7.1）；$(NH_4)_2Fe(SO_4)_2·6H_2O$（分析纯）；蒸馏水（实验室制备）；防爆沸玻璃珠。

仪器：自制油水分离器（尺寸为 600 mm × 300 mm × 200 mm）；JB200-D型强力电动搅拌机（上海沪粤明科学仪器有限公司）；CN61M/MAI-50G 红外测油仪（北京中西远大科技有限公司）；潜水泵（上海丽兴泵阀有限公司）；流量计（上海嘉沪仪器有限公司）；Nicolet iS10 傅立叶变换红外光谱仪（北京创杰新世纪科技发展有限公司）；OCA20 接触角测量仪（德国 Dataphysics 公司）；HCA-100 COD 自动消解回流仪（江苏姜堰市国瑞分析仪器厂）；1 cm 石英比色皿。

（2）聚丙烯改性的原理。

聚丙烯亲水性改性的方法有很多，常见的方法有本体改性法、表面处理法、接枝改性法、臭氧处理法、共混法、表面吸附法、磺化处理法等方法，本章采用的方法是比较常用的表面处理法中的化学氧化法来对聚丙烯材料进行表面改性处理。采用化学氧化处理法在聚丙烯表面生成亲水型的极性基团并且增加聚丙烯表面粗糙度，从而提高材料表面的亲水性的一种简单、实用的方法。

聚丙烯分子中与叔碳原子相连的氢原子拥有较强的活泼性，在 $K_2Cr_2O_7/H_2SO_4$ 溶液强氧化的作用下容易生成羟基和羰基等极性亲水基团。通过将聚丙烯材料在 $K_2Cr_2O_7/H_2SO_4$ 溶液中进行单面液相氧化改性，得到具有单面改性聚丙烯材料。具有单面亲水性的聚丙烯材料有利于餐饮废水的油水分离沉降，提高油水分离效率。

（3）改性亲水基团的检测。

利用傅立叶红外光谱法，选取未改性的纯聚丙烯材料和改性条件为 70℃、20 min 和 80℃、20 min 的两份改性聚丙烯材料进行傅立叶光谱扫描，对聚丙烯材料表面的基团进行傅立叶红外光谱分析，其光谱图如图 1.17 所示。

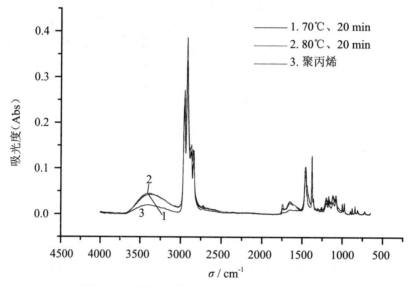

图 1.17　改性聚丙烯和聚丙烯的傅立叶红外光谱图

在图 1.17 中能够明显看出表面改性后的聚丙烯材料相比于未改性的聚丙烯材料，在 3 400 cm^{-1} 和 1 650 cm^{-1} 左右分别有明显的羟基吸收峰和羧基吸收峰。羧基和羟基是典型的亲水型基团，通过对在 $K_2Cr_2O_7/H_2SO_4$ 溶液中表面改性的聚丙烯材料进行红外光谱扫描，发现明显有亲水型基团在聚丙烯表面生成，使聚丙烯材料表面的亲水性得到提高。

（4）接触角的测定。

接触角反映了材料对液滴的润湿性，对水接触角越小，液体的亲水性越强。

①反应温度的优选。

为了研究聚丙烯材料在 $K_2Cr_2O_7/H_2SO_4$ 溶液中温度对改性效果的影响，在反应时间为 20 min 条件下，通过改变反应温度，得到不同反应条件下的聚丙烯材料，在改性聚丙烯材料上选取左右两个测定点，在 OCA20 接触角测量仪上对改性聚丙烯材料对水的接触角进行测定，其数据如表 1.7 所示。

由表 1.7 中的数据可以看出在反应时间为 20 min 条件下，聚丙烯接触角随着温度的升高而逐渐减小，并且随着温度的升高减小的幅度越来越小，当温度到

70℃时候，减小的幅度很小，提高温度对改性的意义不大，而且有可能破坏聚丙烯材料表面，影响其对油水分离的效果。因此针对选取 $K_2Cr_2O_7/H_2SO_4$ 溶液来改性聚丙烯材料，选取反应温度为 70℃为宜。

表1.7 改性聚丙烯材料对水接触角和温度的关系表

反应条件	左1	右1	左2	右2	左3	右3	平均值
未改性聚丙烯	91.5°	92.4°	92.2°	92.4°	91.6°	91.8°	92.0°
30℃，20 min	79.5°	79.3°	78.1°	78.1°	79.4°	77.7°	78.7°
40℃，20 min	72.7°	71.9°	72.6°	73.2°	72.2°	73.4°	72.7°
50℃，20 min	69.2°	69.6°	68.5°	69.1°	68.3°	69.6°	69.0°
60℃，20 min	66.3°	66.2°	65.5°	66.5°	66.4°	66.7°	66.3°
70℃，20 min	64.6°	64.2°	68.3°	65.2°	65.1°	58.0°	64.2°
80℃，20 min	64.1°	64.4°	62.7°	62.9°	63.2°	63.5°	63.5°
90℃，20 min	63.6°	60.1°	64.1°	65.1°	63.1°	61.3°	62.9°

②反应时间的影响。

反应时间直接影响改性聚丙烯材料的性质，为了探究反应时间对聚丙烯材料的改性影响，在反应温度为 70℃的条件下，不同的反应时间下反应得到相应的改性聚丙烯材料，对其进行编号，并测定其对水的接触角，其结果如图1.18所示。

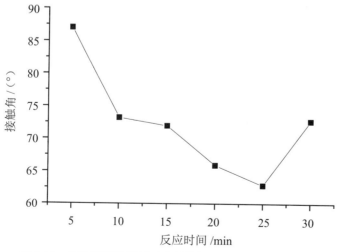

图1.18 改性聚丙烯材料对水的接触角和反应时间的关系图

由图 1.18 可以看出，在反应温度为 70℃ 的条件下，接触角随着反应时间增加呈现先减小后增加的趋势，并且在反应时间为 25 min 时达到最小值。在反应时间超过 25 min 时接触角反而增大，可能原因是反应时间过长，导致聚丙烯材料被严重破坏。因此反应时间选择为 25 min，不仅可以使聚丙烯材料亲水改性更好，而且不至于让材料表面破坏太严重。

（5）改性聚丙烯材料在油水分离中的应用。

①油水分离器的除油率。

在不同的温度条件下，利用 JB200-D 型强力电动搅拌机在转速为 1 200 r/min 条件下将含油量为 350 mg/L 的餐饮废水搅拌均匀，通过蠕动泵以 (150±10)L/h 的流速将含油废水送入聚结油水分离器中，在排水处收集水样并编号，参照国家环境保护标准《水质　石油类和动植物油类的测定　红外分光光度法》（HJ 637—2018）对水样的含油量进行测定，得出相应的除油率，其结果如图 1.19 所示。

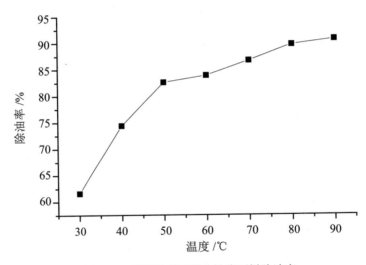

图 1.19　不同温度下的改性聚丙烯除油率

由图 1.19 可以清楚看出来，随着温度的升高，油水分离效果逐渐升高，但升高的趋势逐步降低。当温度为 50℃ 时，油水分离效果已经很好了，为 82.6%，考虑到温度升高了之后，经济性明显下降，所以在油水分离器中采用 50℃ 为宜。

在温度为 50℃ 的相同条件下，采用未改性的纯聚丙烯板组，测出油水分离效率为 70.9%。因此采用改性聚丙烯材料可以提高油水分离效率 11.7%。

②油水分离器的 COD_{Cr} 去除率。

COD_{Cr} 即化学需氧量，反映水中受还原性物质污染的程度。遵循《水质　化

学需氧量的测定　重铬酸盐法》（HJ 828—2017），对编号的水样用 HCA-100 COD 自动消解回流仪进行 COD_{Cr} 的测定，其结果如图 1.20 所示。

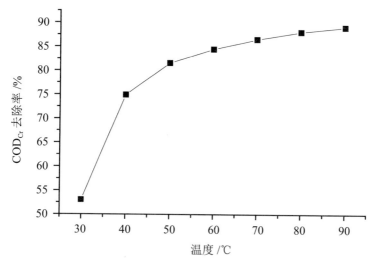

图 1.20　不同温度下的改性聚丙烯 COD_{Cr} 去除率

由图 1.20 可以清楚看出来，随着温度的升高，COD_{Cr} 去除率逐渐升高，但升高的趋势逐步降低。当温度为 50℃ 时，油水分离效果已经达到 81.5%，考虑温度升高了之后，经济性明显下降，所以在油水分离器中采用 50℃ 为宜。

在相同的条件下，在自制油水分离器中采用未改性的纯聚丙烯板组，测出油水分离效率为 68.3%。因此在温度为 50℃、流速为 (150±10) L/h、聚结板组倾斜角度为 15° 的条件下，采用改性聚丙烯材料可以提高 COD_{Cr} 去除率 13.2%。

1.2.3.3　粒状粗粒化材料的优选

餐饮废水具有含油量大的特点，直接排放到环境中将会对环境造成巨大的污染，在餐饮废水中乳化油的分离一直都是餐饮废水净化的重要一环，而在餐饮废水中最难分离的部分就是乳化态餐饮废油。

为了探究不同的粒状材料对乳化态餐饮废油分离效果的影响，选取了三种直径为 3～4 mm 的粒状粗粒化材料，分别为脱脂核桃粒、PP 粒、石英砂。通过对流向、流速、温度、填料高度的控制，对进出口的含油量和 COD_{Cr} 的测定，得出不同条件下各种粒状粗粒化材料对乳化态餐饮废油的去除效果，分析各参数对乳化态餐饮废油的分离影响。

（1）主要试剂和仪器。

试剂：脱脂核桃粒（直径为 3～4 mm）；PP 粒（直径为 3～4 mm）；

石英砂（直径为 3 ~ 4 mm）；餐饮废油（重庆市环卫集团提供，将餐饮废水通过过滤水洗、40 ℃ 水洗、4 000 r/min 高速离心后，分离得到上层油样）；$K_2Cr_2O_7$（分析纯）；试验乳化液（在蒸馏水中加入含量为 1 000 mg/L 乳化剂和含量为 350 mg/L 的餐饮废油，并利用高剪切分散乳化均质机在 10 000 r/min 的转速下搅拌 1 min 形成）；H_2SO_4（$\rho = 1.84$ g/mL）；Ag_2SO_4（分析纯）；$HgSO_4$（分析纯）；$(NH_4)Fe(SO_4)_2·6H_2O$（分析纯）；蒸馏水（实验室制备）；防爆沸玻璃珠。

仪器：FA25-25DG 高剪切分散乳化均质机（上海弗鲁克流体机械制造有限公司）；CN61M/MAI-50G 红外测油仪（北京中西远大科技有限公司）；潜水泵（上海丽兴泵阀有限公司）；流量计（上海嘉沪仪器有限公司）；Nicolet iS10 傅立叶变换红外光谱仪（北京创杰新世纪科技发展有限公司）；HCA-100 COD 自动消解回流仪（江苏姜堰市国瑞分析仪器厂）；HHW.21.600 电热恒温水箱；1 cm 石英比色皿。

（2）试验方法。

在出口进行取样，在 30 ℃ 恒温水浴箱中进行 30 min 静置，取底部样品，依据国家环境保护标准《水质　石油类和动植物油类的测定　红外分光光度法》（HJ 637—2018）利用 CN61M/MAI-50G 红外测油仪测定其含油量，利用 HCA-100 COD 自动消解回流仪遵循《水质　化学需氧量的测定　重铬酸盐法》（HJ 828—2017）测定 COD_{Cr}，得出在相应的参数条件下的除油率和 COD_{Cr} 去除率。

（3）试验装置流程图。

为了探究粒状粗粒化材料对乳化态餐饮废油的分离效果的影响因素，本节设计了一套简易的试验装置，如图 1.21 所示。

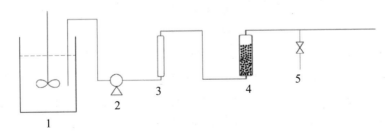

1—搅拌器；2—离心泵；3—流量计；4—粗粒化填料床；5—出水取样口

图 1.21　试验装置结构

如图 1.21 所示，通过搅拌器让油水充分混合，利用离心泵将含油废水打到粗粒化填料床中进行粗粒化试验，并在出口处取样，测定相应的含油量和 COD_{Cr} 含量，得出相应的除油率和 COD_{Cr} 去除率。

（4）粒状粗粒化材料除油性能测评。

①流向的影响。

在粒状粗粒化材料对乳化态餐饮废油的分离试验中，不同的流向对乳化液在粗粒化床中的碰撞和吸附都有着重要影响。在 40℃ 的条件下，让试验配制的餐饮废水乳化液以 50 L/h 的流速分别以自下而上垂直流速、自上而下垂直流速经过 25 cm 的粗粒化床。在出水取样口进行取样，并且在 30℃ 的 HHW.21.600 电热恒温水箱中静置 30 min，取底部样品，测定其含油量和 COD_{Cr} 去除率，得出在相应的参数条件下的除油率和 COD_{Cr} 去除率。数据如图 1.22、图 1.23 所示。

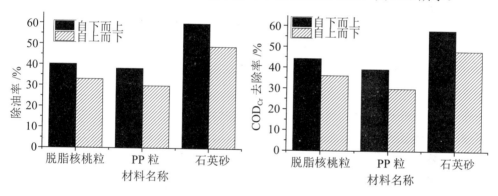

图 1.22　流向对粒状粗粒化材料
除油率的影响

图 1.23　流向对粒状粗粒化材料
在 40℃ 下 COD_{Cr} 去除率的影响

从图 1.22 和图 1.23 可以明显看出来，在 40℃ 温度下采用自下而上的流向可以明显提高粒状粗粒化材料对乳化态餐饮废油的分离效果，从图中可以看出石英砂在此条件下对乳化态餐饮废油的分离效果最佳。

采用自下而上的流向，和油滴上浮的方向一致，有利于油的上浮和聚结，从而提高了粗粒化材料对乳化油的分离效果；而脱脂核桃粒和石英砂均为亲水性的粗粒化材料，而 PP 粒为亲油性的材料，从图 1.22 和图 1.23 可以看出来在粒状粗粒化材料对乳化态的餐饮废水进行破乳分离时，采用亲水性的材料相比亲油性的材料的粗粒化效果要好一点。

②流速的影响。

为了探究最佳的流速，在 40℃ 下，让试验乳化液分别以 50 L/h、100 L/h 、

150 L/h、200 L/h、250 L/h 的流速采取自下而上的流向经过 25 cm 粗粒化床。在出水取样口进行取样，并且在 30℃ 的 HHW.21.600 电热恒温水箱中静置 30 min，取底部样品，测定其含油量和 COD_{Cr} 去除率，得出在相应的参数条件下的除油率和 COD_{Cr} 去除率。数据如图 1.24 和图 1.25 所示。

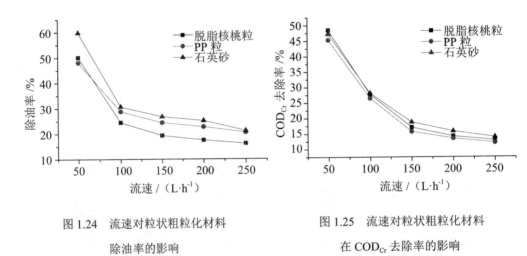

图 1.24　流速对粒状粗粒化材料　　　　　图 1.25　流速对粒状粗粒化材料
　　　　除油率的影响　　　　　　　　　　　　在 COD_{Cr} 去除率的影响

由图 1.24 和图 1.25 可以明显看出来，在温度为 40℃、流速较低时的粒状粗粒化材料对乳化态餐饮废油的分离效果均较好，除油率和 COD_{Cr} 去除率随着流速的增加快速下降，并逐渐趋于缓和。由于当流速较低时，乳化油拥有较为充分的时间进行粗粒化并且不容易被水流击碎而使得粒径变小，随着流速的上升，粒状粗粒化材料的除油性能明显降低并逐渐趋于缓和。

③温度的影响。

为了探究温度对粗粒化材料在不同温度下的乳化油分离效果的影响，以 10℃ 为梯度从 30℃ 到 80℃，让乳化液分别以 50 L/h 的流速以自下而上的流向经过 25 cm 粗粒化床。在出水取样口进行取样，并且在 30℃ 温度下静置 30 min，取底部样品，测定其含油量和 COD_{Cr} 去除率，如图 1.26 和图 1.27 所示。

由图 1.26 和图 1.27 可以看出来，在温度较低时各粒状粗粒化材料对乳化态餐饮废油的分离效果均较好，而且除油率和 COD_{Cr} 去除率随着温度的增加快速下降，其中石英砂下降速度最快。分析原因：在温度升高过程中，乳化油的表面张力和黏度快速下降，在通过粗粒化床缝隙的时候容易导致乳化液破裂而生成粒径更小的乳化态餐饮废油。

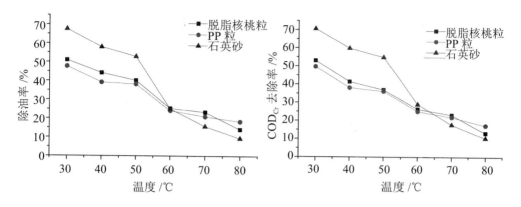

图 1.26 粒状粗粒化材料在不同温度下的
除油率影响

图 1.27 粒状粗粒化材料
在不同温度下的 COD_{Cr} 去除率影响

④填料高度的影响。

为了探究最佳填料高度，在 40℃ 温度下，让试验乳化液分别以 50 L/h 的流速以自下而上的流向分别经过高度为 5 cm、10 cm、15 cm、20 cm、25 cm、30 cm 的粗粒化床。在出水取样口进行取样，并且在 30 ℃ 的 HHW.21.600 电热恒温水箱中静置 30 min，取底部样品，测定其含油量和 COD_{Cr} 去除率，得出在相应的参数条件下的除油率和 COD_{Cr} 去除率。数据如图 1.28、图 1.29 所示。

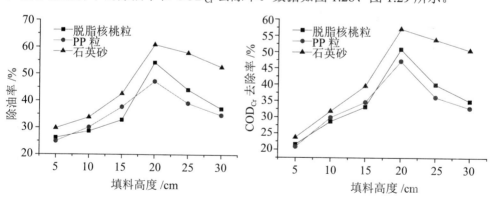

图 1.28 粒状粗粒化材料在不同填料
高度下的除油率影响

图 1.29 粒状粗粒化材料在不同填料
高度下的 COD_{Cr} 去除率影响

由图 1.28 和图 1.29 可以看出来，随着填料高度的升高除油率和 COD_{Cr} 去除率均呈现出先增加后降低的趋势，并在填料高度为 20 cm 时候达到最佳分离效果，其中石英砂对乳化态餐饮废油的分离效果最佳。

分析原因：当填料高度过低时，乳化态餐饮废油在粗粒化床中碰撞结合概率较低，当填料高度过高时候，乳化液通过粗粒化床时可能会在细小缝隙中反而使大颗粒油珠破裂变小。

（5）粗粒化材料的更生试验。

粗粒化材料在实验流程装置（图 1.14）中运行时间较长后，由于材料表面吸附着大量的餐饮废油影响到了粗粒化材料的除油效果，导致粗粒化材料除油效率下降的情况。

为了探究粗粒化材料随着运行的时间和除油效率之间的关系，采用上文中的试验流程装置。粗粒化材料为直径为 3～4 mm 的石英砂、PP 粒、脱脂核桃粒，分别在运行时间为 30 min、60 min、90 min、120 min、150 min、180 min 时，在 40℃温度下，让试验乳化液以 50 L/h 的流速以自下而上的流向经过填料高度为 20 cm 的粗粒化床，在出水取样口进行取样，并且在 30℃的 HHW.21.600 电热恒温水箱中静置 30 min，取底部样品，测定其含油量，得出在相应的参数条件下的除油率。数据如图 1.30 所示。

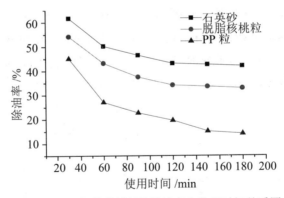

图 1.30　粒状粗粒化材料的除油率和使用时间关系图

由图 1.30 可以看出来，粗粒化材料石英砂、脱脂核桃粒、PP 粒随着使用时间的推移除油率均呈现下降的现象，下降幅度随着时间的增加逐步降低并逐步趋向于缓和。这说明粗粒化材料确实存在着比较严重的除油效率降低的情况，在粗粒化材料的除油率下降到一定数值时，为了环保和节约材料，我们有必要对粗粒化材料进行更生处理。对粗粒化的更生采用水体反冲洗的方法，将待更生的粗粒化材料放置于筛网中，用高速水流反复冲洗粗粒化材料，再将反冲洗过的粗粒化材料晾干后再利用，继续研究反冲洗后材料的除油效果。

将更生的粗粒化材料在同样的试验方式，得出在相应的参数条件下的除油率。数据如图 1.31 所示。

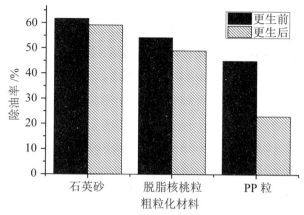

图 1.31 粒状粗粒化材料更生前后除油率对比图

由图 1.31 可以看出来，粗粒化材料石英砂、脱脂核桃粒、PP 粒经过简单的更生后，石英砂和脱脂核桃粒较更生前的除油率相比虽然有所降低，但是依然保持着良好的除油效果；而 PP 粒经过再生处理，除油率下降非常明显而且更生效果不理想。分析原因：石英砂和脱脂核桃粒是亲水型的粗粒化材料，对油的吸附能力没有亲油型的 PP 粒那么强，因此在水体的冲洗下，表面吸附的餐饮废油能够快速地脱离下来，达到更生再利用的目的。

1.1.3 本章结论与展望

1.1.3.1 结论

本章通过试验，得出下列结论。

（1）在餐饮废水中加入十二烷基苯磺酸钠配制成乳化液后，可以发现乳化油含量与 400 nm 处吸光度之间呈良好的线性关系，相关度很好，$R^2 = 0.994\ 3$。此方法操作简单、快捷，没有使用有机溶剂，将试验对人体和环境的危害减到最小，是一种测定餐饮废水含油量的有效方法。

（2）在超声波聚结破乳除油试验中，考察了超声波功率、处理时间、处理温度对超声波聚结破乳效果的影响，并运用响应曲面法（RSM）对餐饮废水的聚结破乳的分离参数进行优化，结果发现在超声波功率为 44.5 W、处理温度为 70℃、处理时间为 24.5 min 时，除油率达到最大值，为 58.04%。

（3）对板状粗粒化材料进行优选，通过试验发现板状聚结材料采用亲油性较好的聚丙烯聚结板材料相比亲水性的聚结板状材料有着更好的除油性能。并对聚丙烯材料在 $K_2Cr_2O_7 / H_2SO_4$ 溶液中进行单面液相氧化改性，使聚丙烯材料表面生成羟基、羧基等亲水基团，增加聚丙烯材料的亲水性，在自制的油水分离器中，在温度为 50℃、流速为 (150±10) L/h、聚结板组倾斜角度为 15° 条件下，将未改性聚丙烯材料和单面改性聚丙烯在自制油水分离器中进行分离效果对比，发现改性聚丙烯材料可以将油水分离器的除油率提高 11.7%，COD_{Cr} 去除率提高 13.2%。

（4）对粒状粗粒化材料进行优选，结果发现采用亲水性较好的石英砂材料有更好的除油性能。并对粒状粗粒化材料的除油参数进行了试验研究，发现采用自下而上的流向更加有利于粗粒化材料对乳化态餐饮废油的分离；提高温度不仅不能提高粒状粗粒化材料对乳化态餐饮废油的分离，反而呈现负相关趋势；提高流速会迅速降低粗粒化材料对乳化态餐饮废油的分离效果；粗粒化材料对乳化态餐饮废油的分离效果随着粗粒化床的升高呈现先升高后降低的趋势，并在粗粒化床高度为 20 cm 的时候达到最佳分离效果；粗粒化材料在使用一段时间后除油率会有所降低，采用水流反冲洗能够使石英砂和脱脂核桃粒恢复良好的除油效果，达到更生再利用的目的。

1.1.3.2 展望

由于工作时间和条件的限制，本章还有许多不足之处，需要研究人员进一步完善对粗粒化材料的选取范围进行扩大，挑选更多高性能的分离材料进行试验分析，提高油水分离器的分离效率，提升材料的使用寿命。

参考文献

[1] 卢月红，朱永根 . 餐厨废弃物资源化利用和无害化处理技术 [J]. 中国新技术新产品，2011(2): 297-298.

[2] 农传江，徐智，汤利，等 . 餐厨垃圾特性及处理技术分析 [J]. 环境工程，2014(S1): 626-629.

[3] 张晴，刘李峰，李俊，等 . 我国城市餐厨废弃物现状调查与分析 [J]. 中国资源综合利用，2011(10): 40-43.

[4] Zulaikha S, Lau W J, Ismail A F, et al. Treatment of restaurant wastewater using ultrafiltration and nanofiltration membranes[J]. Journal of Water Process Engineering, 2014, 2: 58-62.

[5] 王鹏照，刘熠斌，杨朝合 . 我国餐厨废油资源化利用现状及展望 [J]. 化工进展，

2014(4): 1022-1029.

[6] Angelakis A N, Bontoux L. Wastewater reclamation and reuse in Eureau countries[J]. Water Policy. 2001, 3(1): 47-59.

[7] 夏楠. 粗粒化技术提高油水分离效率的实验研究 [D]. 大庆：东北石油大学，2012.

[8] 张博，王建华，吴庆涛，等. 现代油水分离技术与原理 [J]. 过滤与分离，2014(2): 39-45.

[9] Tabakin R B, Trattner R, Cheremisinoff P N .Oil/water separation technology: the options available. Part Ⅱ. Sewage treatment[J].Water and Sewage Works, 1978, 125:8.

[10] 万楚筠，黄凤洪，廖李，等. 重力油水分离技术研究进展 [J]. 工业水处理，2008(7): 13-16.

[11] Chuyun W, Fenghong H, Li L, et al. Research development in the gravity oil water separation technology [J]. Industrial Water Treatment, 2008, 7: 004.

[12] 王敏. 一种波纹板聚结油水分离器的研制 [D]. 武汉：华中科技大学，2004.

[13] 魏红江，赵志军，刘自平，等. 城市餐饮泔水油分离方法的研究 [J]. 云南农业大学学报（自然科学版），2011(2): 249-253.

[14] Ohsol E O. Method for separating oil and water emulsions[Z]. Google Patents, 1990.

[15] 周建. 聚结技术处理含油污水的实验研究 [D]. 北京：中国石油大学，2009.

[16] 张斌. 聚结除油设备研究 [D]. 武汉：武汉理工大学，2007.

[17] Zuo H, Xie L, Li H, et al. Experimental Study on Separating Oily Wastewater with Coalescing Filters[J]. Chemical Engineering & Machinery, 2012, 5: 6.

[18] 严应政. 粗粒化操作中的主要影响因素 [J]. 西北建筑工程学院学报，1994(4): 37-41.

[19] 陈文征，张贵才，李爽，等. 分离器聚结板表面性质对分离效果影响的探讨 [J]. 石油机械，2008(3): 68-70.

[20] 李孟，陈义春. 改性陶瓷滤球粗粒化装置处理油田废水试验 [J]. 工业用水与废水，2007(2): 55-57.

[21] Vivek Narayanan N, Ganesan M. Use of adsorption using granular activated carbon (GAC) for the enhancement of removal of chromium from synthetic

wastewater by electrocoagulation[J]. Journal of hazardous materials, 2009, 161(1): 575-580.

[22] 张道马，汪向阳. 改性白土处理餐饮含油废水的探索 [J]. 工业用水与废水，2011(1): 63-65.

[23] 张凤娥，赵洪键，董良飞，等. 前处理与核桃壳吸附耦合处理餐饮废水的实验研究 [J]. 中国农村水利水电，2012(6): 19-21.

[24] 李洪敏，娄世松，张凤华，等. 聚结—气浮法处理含油污水 [J]. 辽宁石油化工大学学报，2009(4): 1-3.

[25] Jin P K, Wang X C, Hu G. A dispersed-ozone flotation(DOF) separator for tertiary wastewater treatment[J]. Water Science & Technology, 2006, 53(9): 151-157.

[26] Fukushi K, Tambo N, Matsui Y. A kinetic model for dissolved air flotation in water and wastewater treatment[J]. Water Science and Technology, 1995, 31(3): 37-47.

[27] 吞永强. 餐厨废弃物油脂回收工艺及设备的研究与设计 [D]. 银川：宁夏大学，2014.

[28] 李俊. 新型微气泡气浮工艺预处理含油餐饮废水效能研究 [D]. 哈尔滨：哈尔滨工业大学，2007.

[29] Semerjian L, Ayoub G M. High-pH–magnesium coagulation–flocculation in wastewater treatment[J]. Advances in Environmental Research, 2003, 7(2): 389-403.

[30] Mishra A, Bajpai M. Flocculation behaviour of model textile wastewater treated with a food grade polysaccharide[J]. Journal of hazardous materials, 2005, 118(1): 213-217.

[31] 马林转，崔琼芳，陈迁. 超声－絮凝沉降法处理富营养化污水 [J]. 云南民族大学学报（自然科学版），2012(3): 174-177.

[32] 丁保宏，马瑞廷，宋波. 聚硅酸铝絮凝处理餐饮废水的研究 [J]. 辽宁化工，2004(3): 139-142.

[33] 张惠灵，熊瑞林，徐亮，等. 无机高分子絮凝剂对餐饮污水的处理研究 [J]. 武汉科技大学学报（自然科学版），2007(3): 256-259.

[34] 张国平，郭志新，陈厚忠. 生物处理法在船舶溢油事故中的应用探讨 [J]. 交通科技，2008(3): 107-108.

[35] Lettinga G, Van Velsen A, Hobma S W, et al. Use of the upflow sludge blanket

(USB) reactor concept for biological wastewater treatment, especially for anaerobic treatment[J]. Biotechnology and bioengineering, 1980, 22(4): 699-734.

[36] 黄凌 . 低温降油脂菌剂的开发及应用研究 [D]. 重庆：重庆大学，2012.

[37] 易友根 . 生物接触氧化法对餐饮废水处理的方法 [J]. 科技创新与应用，2012(16): 20-21.

[38] 周立峰，朱守香 . 高级氧化法处理机械加工行业含油废水研究 [J]. 科技广场，2013(4): 213-216.

[39] Parsons S. Advanced oxidation processes for water and wastewater treatment[M]. London: IWA publishing, 2004.

[40] 高航 . 高级氧化、高效吸附与生物膜法联用对城市污水深度处理试验研究 [D]. 阜新：辽宁工程技术大学，2013.

[41] 班福忱，李亚峰，杨辉 . 臭氧氧化去除地下水中石油类污染物的试验研究 [J]. 勘察科学技术，2005(5): 20-22.

[42] 国家环境保护总局 . 水和废水监测分析方法 [M]. 北京：中国环境科学出版社，2002.

[43] 吴天一 . 红外分光光度法改进后测定废水中总油类[J]. 环境保护与循环经济，2011(12): 67-68.

[44] 王盈 . 水中石油类和动植物油类测定标准的探讨 [J]. 环境监测管理与技术，2013(4): 61-63.

[45] 曹炜 . 石油类测定方法的改进 [J]. 环境研究与监测，2010(4): 36-38.

[46] 朱丹，孙世艳，廖绍华，等 . 紫外分光光度法快速测定废水中油含量的研究 [J]. 大理学院学报，2012(10): 28-30.

[47] 戴洪文，吴兰 . 重量法在测定生物处理含油废水中油浓度的影响因素 [J]. 江西能源，2005(1): 21-22.

[48] 王新 . 重量法和红外法测定外排水石油类物质的比较 [J]. 河北化工，2006(11): 51-52.

[49] Tang S L, Zhang Y, Zhong S, et al. A novel infrared spectrophotometric method for the rapid determination of petroleum hydrocarbons, and animal and vegetable oils in water[J]. Chinese Chemical Letters, 2012, 23(1): 109-112.

[50] Ramsey E D. Determination of oil-in-water using automated direct aqueous supercritical fluid extraction interfaced to infrared spectroscopy[J]. The Journal of

Supercritical Fluids, 2008, 44(2): 201-210.

[51] 李克安，金钦汉 . 分析化学 [M]. 北京：北京大学出版社，2001.

[52] Guanghua L, Dianmo Z, Guangmei L. Choice of Emulsifier for O/W Emulsion[J]. Guangdong Chemical Industry, 2008, 11: 022.

[53] 王培义，徐宝财，王军 . 表面活性剂 —— 合成·性能·应用 [M]. 北京：化学工业出版社，2012.

[54] 四川大学工科化学基础课程教学基地，华东理工大学分析化学教研组 . 分析化学 [M]. 北京：高等教育出版社，2009.

[55] 吴珉，杨祥 . 红外光度法测定水中油类的改进 [J]. 环境监测管理与技术，2002(5): 31.

[56] 郭洪光，高乃云，姚娟娟，等 . 超声波技术在水处理中的应用研究进展 [J]. 工业用水与废水，2010(3): 1-4.

[57] Mahvi A H. Application of ultrasonic technology for water and wastewater treatment[J]. Iranian Journal of Public Health. 2009, 38(2): 1-17.

[58] 曹书翰，陈立功，刘先杰，等 . 基于超声波的餐饮废水破乳化技术研究 [J]. 环境卫生工程，2013(2): 25-28.

[59] 赵冉，彭敏桦，张敏敏，等 . 响应曲面法优化岗梅根总皂苷的提取工艺 [J]. 中药新药与临床药理，2014(3): 363-367.

[60] Wang J, Chen Y, Ge X, et al. Optimization of coagulation–flocculation process for a paper-recycling wastewater treatment using response surface methodology[J]. Colloids and Surfaces A: Physicochemical and Engineering Aspects, 2007, 302(1): 204-210.

[61] Ghafari S, Aziz H A, Isa M H, et al. Application of response surface methodology (RSM) to optimize coagulation–flocculation treatment of leachate using poly-aluminum chloride (PAC) and alum[J]. Journal of Hazardous Materials, 2009, 163(2): 650-656.

[62] 甘筱，任连海 . Box-Behnken 曲面相应法研究地沟油脱色效果 [J]. 绿色科技，2013(2): 221-226.

[63] 王涛，姚约东，朱黎明，等 . Box-Behnken 法研究二氧化碳驱油效果影响因素 [J]. 断块油气田，2010(4): 451-454.

[64] Cheremisinoff N P. Handbook of water and wastewater treatment technologies[M].

Butterworth-Heinemann, 2001.

[65] 曹书翰，陈立功，刘先杰，等 . 基于聚结技术的餐饮废水油水分离研究 [J]. 安全与环境学报，2013(4): 45-49.

[66] Karger-Kocsis J. Polypropylene structure, blends and composites [M]. 2nd. New York: Springer, 1995.

[67] Pease D C. The significance of the contact angle in relation to the solid surface[J]. The Journal of Physical Chemistry, 1945, 49(2): 107-110.

[68] 刘清燕，慕东红，陈慧霞 . 重铬酸钾法测定化学需氧量 [J]. 黑龙江科学，2014(9): 71-72.

[69] 赵洲 . 浅析《水质石油类和动植物油类的测定红外分光光度法》新旧标准的区别 [J]. 环境科学导刊，2012(6): 131-133.

[70] Reddy S R, Melik D H, Fogler H S. Emulsion stability—theoretical studies on simultaneous flocculation and creaming[J]. Journal of Colloid and Interface Science. 1981, 82(1): 116-127.

第2章 化学改性餐饮废油制备润滑油基础油及其理化和摩擦学性能研究

2.1 概述

2.1.1 引言

据统计，全球有 1/3 ~ 1/2 的能量消耗在各种形式的摩擦上，大约有 80% 的机械部件因为摩擦和磨损而失效。摩擦造成能量损耗，磨损导致零部件失效，这是导致机械设备使用寿命和可靠性降低的主要原因。对相对运动的摩擦表面进行润滑可以大大减少摩擦副间的摩擦和磨损，节约能源，也可以有效保障设备的正常运行并延长其使用寿命。

一方面，随着现代机械工业的快速发展，机械设备的运行环境日益苛刻，对其运行可靠性和使用寿命的要求越来越高，然而传统矿物基润滑油在耐高低温性能、润滑性能、抗热氧化性能、黏温性能等方面已经越来越难以满足现代机械设备的使用需求。另一方面，由于矿物油的不可再生性和较低的生物降解性，矿物基润滑油面临资源枯竭和环境保护法律法规日益严格的双重压力。因此，研究和开发出既能满足苛刻工况下的使用性能要求，又能满足绿色、环保和节能要求的高性能润滑油，已成为自 20 世纪 90 年代以来现代润滑油工业的一个重要研究方向。

餐饮废油（waste cooking oil，WCO）一旦进入环境或被人体摄入，将会导致严重的环境灾难并对人类的生命健康构成严重的威胁。目前，WCO 主要有以下三种处置方式：一是经分离、过滤等简单加工处理掺伪后重新流回餐饮行业；二是作为动物饲料间接进入人类食物链；三是直接排入下水道。WCO 具有污染环境和回收再利用的双重特点，因此这三种处置方式不但污染环境和水体，还将造成资源的巨大浪费。在全球能源危机及环境保护呼声日益高涨的情形下，对餐饮废油进行资源化利用，替代矿物油作为生产助剂、表面活性剂、化工原料、生物柴油、润滑油等的原料，实现变废为宝，不仅可以改善生态环境、缓解能源危机，还可以创造可观的经济效益、促进经济可持续发展，具有十分重要的理论意义和现实意义。

2.1.2　合成润滑油基础油

现代润滑油主要由基础油和添加剂两大部分组成，其中基础油占整个体系的 70% ~ 90%。目前，基础油的来源主要有三大类：动植物油、矿物油和合成油。动植物油来源于天然动植物，由于自身分子结构，在热氧化稳定性能和使用寿命方面存在缺点，但其具有生物降解性能好和可再生性等优点。矿物油是原油经常压、减压蒸馏所得的馏分，并经酸碱精制、溶剂抽提、脱蜡、白土处理、加氢精制等工艺处理，具有使用范围广、可生物降解性能差、不可再生等特点。合成油是基于特定的使用需求进行分子组成结构及性能和功能设计，采用有机合成或精炼加工的方法制备而成的。与矿物油相比，合成油具有良好的低温及黏温性能、较低的挥发损失、更高的热稳定性能，以及抗燃、耐辐射、优良的抗磨减摩性能和使用寿命长等优点。按照化学结构不同，合成油可分为：合成烃油，如聚 α- 烯烃、聚异丁烯和烷基化芳烃等；合成酯油，如双酯、多元醇酯、芳香羧酸酯和复酯等；聚醚合成油，如聚乙二醇醚和聚苯醚等；含氟油；含硅油等。

2.1.2.1　聚 α- 烯烃

聚 α- 烯烃（poly alpha olefins，PAO），主要是由 C_8 ~ C_{10} 的 α- 烯烃在催化剂作用下发生聚合反应，然后经过脱除催化剂、蒸馏、加氢饱和等后处理工艺，得到的一类具有比较规则的长链烷烃。

PAO 具有良好的黏温性能和低温流动性，是调制高低温航空润滑油、高低温润滑脂基础油、寒区及严寒区内燃机油、高黏度航空润滑油等高档和专用润滑油较为理想的基础油。PAO 按黏度可以分为低黏度 PAO（PAO2、PAO2.5、PAO4、PAO5、PAO6、PAO7、PAO8、PAO9、PAO10 等）、中黏度 PAO（PAO25）和高黏度 PAO（PAO40、PAO100、PAO150、PAO300 等）。

2.1.2.2　烷基化芳烃

烷基化芳烃（alkylated aromatics），是苯和萘与卤代烷、烯烃或者烯烃齐聚物通过发生 Friedel-Crafts 烷基化反应得到的，主要包括烷基苯、烷基萘和含杂原子的烷基化芳烃等。

烷基化芳烃的优点主要表现在，低温流动性和热氧化稳定性优良，与添加剂的感受性好，润滑和密封相容性较好等方面。烷基化芳烃的理化性能与其分子结构中的侧链数、烷基中碳链长度有关。带直链的烷基化芳烃相较于带支链的烷基化芳烃，低温流动性能和热氧化稳定性能好、黏度指数高。

2.1.2.3　合成酯油

合成酯油（synthetic esters），是有机酸与有机醇在催化剂作用下，通过发生酯化反应脱去水得到的含有酯基官能团（—COOR）的有机化合物。酯基官能团的结构和生成过程如图 2.1 所示。

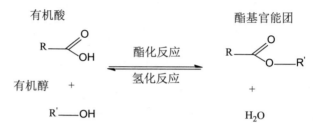

图 2.1　酯基官能团的结构和生成过程

按照酯基官能团的数目和位置，合成酯可以分为酸/酐中心型（如单酯、双酯、邻苯二甲酸酯、偏苯三酸酯等）、醇中心型（如多元醇酯、新戊醇酯、三羟甲基丙烷酯和季戊四醇酯等）、聚合物酯（如 PAG 酯、复酯等）。

合成酯油与矿物油相比，具有液体范围宽、黏度指数高、黏温性能和低温流动性能优良等特点。合成酯油的分子结构和组成对其理化性能影响较大，其黏度和黏度指数主要由其分子形态决定。随着碳链长度的增加，合成酯油的黏度、黏度指数和倾点也增大。在合成酯油的主链上引入侧链，其黏度和黏度指数增加，倾点则减小。同时，侧链离酯基越近，对黏度和黏度指数的影响越大。

合成酯油的热氧化稳定性能较矿物油好，矿物油的热分解温度一般为 260 ~ 340℃，而双酯的热分解温度高达 283℃。合成酯油的分子结构对其热氧化稳定性能有很大影响，合成酯油的分子结构不同，其热分解机理也不同。比如对于分子结构中带有 β—CH 的合成酯，其热分解反应中起主导作用的是 β—CH 消失并生成羧酸和烯烃，这种热分解反应在温度超过 275℃后速率达到最大值。对于分子结构中不带有 β—CH 的合成酯，其热分解反应主要遵循自由基链反应的机理。图 2.2 为 β—CH 对合成酯热分解机理的影响。

合成酯的分子结构中活性较高的酯基官能团（—COOR），对合成酯的挥发性和闪点等物理性质具有显著影响，同时，对合成酯的热氧化稳定性能、水解稳定性能、溶解性能、润滑性能和生物降解性能均有影响。酯基官能团的存在，使得合成酯分子容易吸附在金属表面，从而形成稳定的油膜，因此具有优良的抗磨减摩性能。

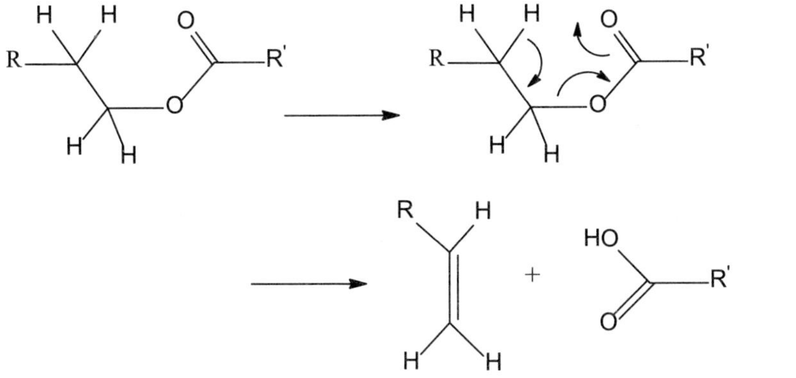

（a）

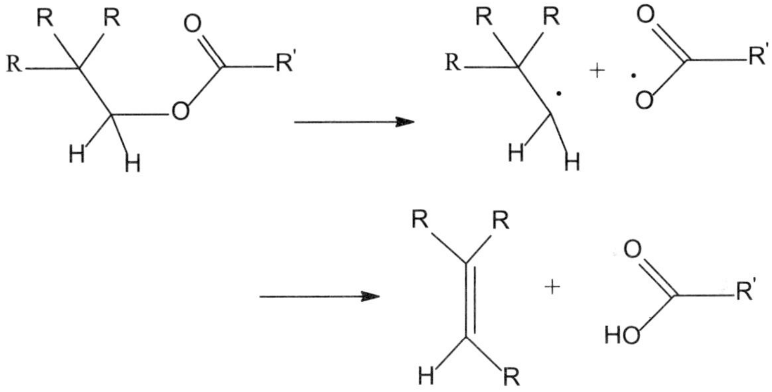

（b）

图 2.2　β—CH 对合成酯热分解机理的影响

（a）分子结构中带有 β—CH 的合成酯；（b）分子结构中不带有 β—CH 的合成酯

2.1.2.4　全氟聚醚

全氟聚醚 (perfluoropolyether，PFPE)，是一种合成聚合物，其分子结构完全由 C、F 和 O 组成，不含 H，因此其具有化学惰性、抗强氧化性和不可燃性等优点。此外，其黏温性能和低温流动性能也较好。PFPE 的稳定性高、耐腐蚀能力强以及抗磨减摩性能优良，使其适合长期在恶劣的环境下使用，因此在工程和工业中得到了广泛应用。比如，在电子工业中的离子蚀刻、化学蒸气沉积和离子注入等生产工艺，以及在电气工业中的耐电弧开关和滑线接触部件适合采用 PFPE

进行润滑。同时，在存在化学腐蚀性气体的工作环境中，PFPE 适合对各种真空泵、压缩机和阀门进行润滑。常见 PFPE 的分子结构如图 2.3 所示。

PFPE-K：$CF_3CF_2CF_2O—[CF(CF_3)CF_2—O—]_nCF_2CF_3$

PFPE-Y：$CF_3O—[CF(CF_3)CF_2—O—]_y—[CF_2—O—]_mCF_3$

PFPE-Z：$CF_3O—[CF_2CF_2—O—]_z—[CF_2—O—]_pCF_3$

PFPE-D：$CF_3CF_2CF_2—O—[CF_2CF_2CF_2—O—]_qCF_2CF_3$

图 2.3　PFPE 的分子结构

PFPE-K 和 PFPE-Y 都是非线性分子，因为二者的分子结构中均含有侧链三氟甲基（—CF₃）。PFPE-Z 和 PFPE-D 的分子结构中不含有侧链三氟甲基（—CF₃），二者是线性分子。线性 PFPE 的流变性能优于非线性 PFPE。

2.1.2.5　聚硅氧烷

聚硅氧烷（silicones），是一类以重复的 Si—O 键为主链、在 Si 原子上直接连接有机基团的聚合物。聚硅氧烷的典型结构是一种或几种支链基团连接在 Si 原子上，使得其具有良好的耐化学性能、润滑性能、热氧化稳定性能，以及与有机物或聚合物发生化学反应的性能。此外，聚硅氧烷还具有化学不活泼性、低表面张力、强疏水性、耐气候性、良好的电气性能以及在多数橡胶和塑料表面的滑移性等优点。聚硅氧烷的通式写作 $[R_nSiO_{4-n/2}]_m$，其中，R 代表有机基团（如—CH₃），n 表示 Si 原子上连接的有机基团数目（通常 n 为 $1\sim3$），m 表示聚合度（$m \geqslant 2$）。聚硅氧烷可以划分成三大类：流体、树脂和弹性体，如图 2.4 所示。

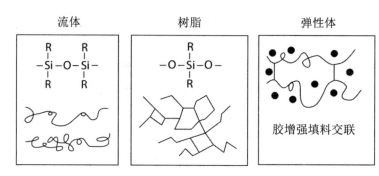

图 2.4　三种类型的聚硅氧烷

通常，液态的聚硅氧烷被称为硅油。图 2.5 为 R 为甲基（—CH₃）和苯基（—C₆H₅）混杂的硅油分子结构。

硅油分子的混杂结构，使得其具有优良的高低温性能，凝点可以低至 −70℃以下，甚至 −90℃以下，但其热分解温度却可以达到 300℃，以及具有优良的黏温性能。

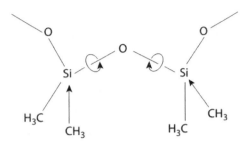

图 2.5　硅油的混杂分子结构

2.1.3　动植物油改性制备润滑油基础油

相较于矿物油和合成油，动植物油最早被应用于润滑油领域，但由于其在储存和使用过程中容易氧化变质和变黏稠，其中一部分转化为酸性物质，不能满足机械设备对润滑性能的使用需求，因而逐渐被矿物油和合成油所代替。动植物油的碘值、倾点和热氧化稳定性能等理化性能随其来源不同而各异，这是由构成动植物油分子中的高级脂肪酸组分不同所导致的。

植物油分子中的不饱和脂肪酸组分含量高于动物油，所以植物油的低温流动性能比动物油好，但植物油的热氧化稳定性能较动物油差。

动植物油主要成分甘油三酯的分子结构中含有 $C = C$ 不饱和双键和 β—CH 活性位点，以及甘油三酯分子在低温下容易发生堆积作用而形成大晶体，致使动植物油的热氧化稳定性能、水解稳定性能和低温流动性能不够理想，限制了其作为润滑油基础油的大规模生产和广泛使用，甘油三酯分子结构中的活性位点如图 2.6 所示。

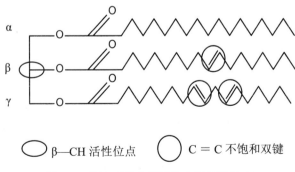

$\bigcirc$ β—CH 活性位点　　$\bigcirc$ $C = C$ 不饱和双键

图 2.6　甘油三酯分子结构中的活性位点

目前，动植物油的改性方法主要包括三类：生物改性、添加剂改性和化学改性。

2.1.3.1 生物改性

生物改性，是通过现代基因技术改进动植物的遗传特性，改变其分子中不饱和脂肪酸组分和饱和脂肪酸组分的相对含量，使其倾点、热氧化稳定性、水解稳定性能得到提高。目前，生物改性技术在油菜（canola）、大豆（soybean）、向日葵（sunflower）等油料植物上的应用取得了良好的效果，Soldatov 在 1976 年培育出了高油酸含量的葵花籽油（high oleic sunflower oil，HOSO），其脂肪酸组分中的油酸质量分数达到了 90% 以上，而硬脂酸的质量分数为 1.0% ~ 1.5%。HOSO 的热氧化稳定性能和储存寿命优于菜籽油（rapeseed oil）和三羟甲基丙烷油酸酯（trimethylolpropane oleate，TMP oleate）。

2.1.3.2 添加剂改性

动植物油易发生自由基链反应而氧化变质，因此在动植物油中添加反应活性高且易与动植物油初始氧化生成的自由基发生反应的抗氧化类添加剂，以抑制自由基链反应的链引发、增长和终止反应的速度，达到改善动植物油热氧化稳定性能的目的。按作用机理不同，抗氧化剂可分为链反应终止剂、过氧化物分解剂和金属钝化剂三种。目前，采取添加剂改性动植物油的方法，由于添加剂本身的成本高、生物降解性能和其与动植物油的配伍性能差等方面的缺点，导致了其在动植物基润滑油中难以广泛应用。

2.1.3.3 化学改性

动植物油的化学改性，是针对 TG 分子结构中的 C＝C 不饱和双键和羧基（—COOH）进行的。改变动植物油的分子结构可以提高其性能，如分子支链化度越高，低温流动性能越好，水解稳定性能越好；分子线性度越好，黏度指数越高；分子 C＝C 不饱和双键含量越高，低温流动性能越好。

（1）针对甘油三酯分子中 C＝C 不饱和双键的改性方法。

在润滑油工业中，针对甘油三酯分子中 C＝C 不饱和双键的化学改性方法主要包括选择性加氢、环氧化、氧化裂解、酰氧基化、Friedel-Crafts 烷基化。

①选择性加氢（selective hydrogenation），是针对甘油三酯分子中的 C＝C 不饱和双键进行有选择性氢化，达到提高动植物油的热氧化稳定性能和熔点的目的。动植物油中的多元不饱和组分，可以通过选择性加氢转变为一元不饱和组分，同时不改变其饱和度。这样在达到了大幅提高热氧化稳定性能的同时，其低温流动性能几乎保持不变的目的。比如，在 Ziegler-Sloan-Lapporte 催化剂体系下，亚

麻油酸甲酯（C18：2）可以转化为油酸甲酯（C18：1），转化率为100%，选择性为92%。

②环氧化（epoxidation），是在 C ＝ C 不饱和双键两端 C 原子间加上一个 O 原子，变成三元环的氧化反应。通常采用过氧甲酸原位环氧化改性动植物油的方法，将其中的 C ＝ C 不饱和双键转变成较稳定的三元环氧键。原位环氧化反应进行的程度主要取决于反应温度和反应时间，甲酸和过氧化氢的摩尔比一般在 1：0.5 ~ 1：2 之间，使用的催化剂主要有沸石、阳离子交换树脂 Amberlite 120、无水碳酸氢钠、硫酸铵和氯化锡等。动植物油经环氧化改性后，其热氧化稳定性能得到显著提高。环氧动植物油主要被用作聚氯乙烯（polyvinyl chloride，PVC）的增塑剂和稳定剂，同时，由于其良好的润滑性能和热稳定性能，也被用作润滑油添加剂或者润滑油基础油。

环氧化改性后的动植物油中的环氧键可以进一步与亲核试剂 [比如 ROH、RCOOH 和 $(RCO)_2O$] 发生开环反应，制备一系列理化性能优异的烷氧基醇、羟基酯和双酯作为润滑油基础油或润滑油添加剂。

采用亲核试剂与环氧键发生开环反应，在 C ＝ C 不饱和双键处引入侧链基团（—OR 或—OCOR）不但可以降低 TG 的不饱和度，还可以在 TG 分子间增加间距，达到抑制 TG 大分子结晶结构的形成，从而使低温流动性能得到改善。环氧键与亲核试剂开环反应制得的烷氧基醇、羟基酯和双酯，具有环境友好性和优良的理化性能，可以用作液压油、金属加工油、耐磨油和润滑脂等。

③氧化裂解（oxidative cleavage），是 C ＝ C 不饱和双键在臭氧的氧化作用下发生断裂的反应。不饱和脂肪酸与臭氧的高选择性的反应历程为，首先，不饱和脂肪酸与臭氧发生反应生成臭氧化物；然后，臭氧化物转变为一元羧酸和二元羧酸。工业生产中，油酸被用于氧化裂解生产壬二酸，壬二酸可以进一步用于生产高性能润滑剂、聚酯和聚酰胺。

④酰氧基化（acyloxylation），是将羧酸加成到 C ＝ C 不饱和双键上的反应。这种改性方法是以羧酸的位阻效应，来改善不饱和脂肪酸的水解稳定性能和热氧化稳定性能。图 2.7 为多相全氟磺酸或二氧化硅固体酸催化叔戊酸与油酸甲酯的加成反应，反应的产率为44%，选择性为93%。

⑤ Friedel-Crafts 烷基化（Friedel-Crafts alkylation），是一种在 C ＝ C 不饱和双键上引入烷基支链的反应。图 2.8 为 $Et_3Al_2Cl_3$ 催化油酸与氯甲酸异丙酯的反应，产率为72%。

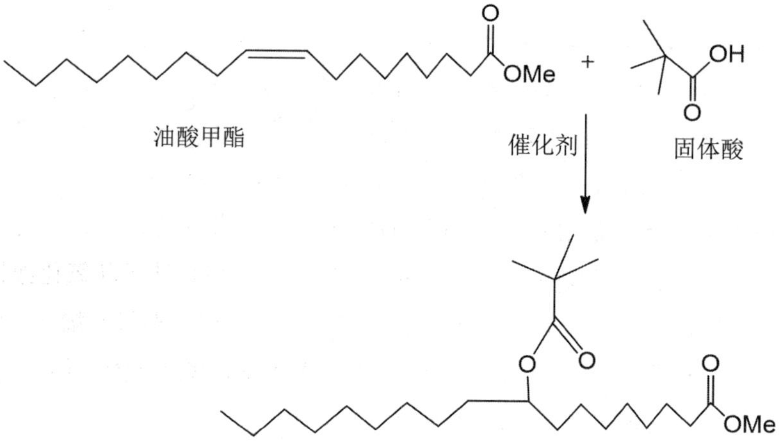

图 2.7　固体酸催化叔戊酸与油酸甲酯的加成反应

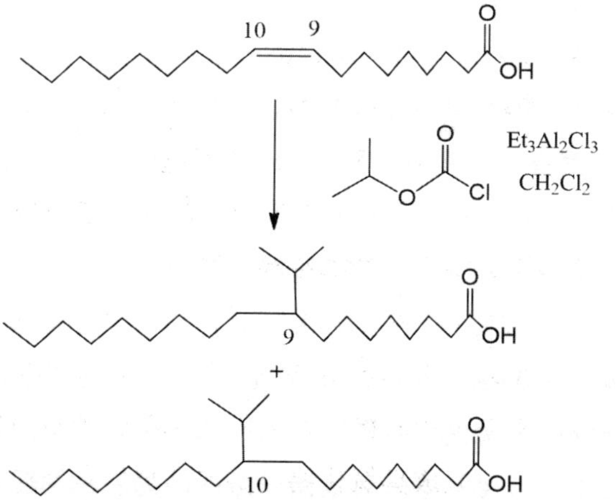

油酸、氯甲酸异丙酯、Et$_3$Al$_2$Cl$_3$ 的摩尔质量比为 1∶1.2∶1.8

图 2.8　Et$_3$Al$_2$Cl$_3$ 催化油酸与氯甲酸异丙酯制备烷基化产物

（2）针对甘油三酯分子中羧基（—COOH）的改性方法。

在润滑油工业中，针对甘油三酯分子中羧基（—COOH）的化学改性方法主要是酯交换（transesterification）。酯交换是在酸或碱催化下，将动植物油与低碳醇（如甲醇、乙醇）或不含 β—CH 的多元醇（如新戊二醇、三羟甲基丙烷、季戊四醇和二季戊四醇）进行反应得到脂肪酸甲酯、脂肪酸乙酯或多元醇酯。图 2.9 为甲醇与甘油三酯的酯交换反应。

除了低碳醇外，酯交换反应中还常采用不含 β—CH 的多元醇与甘油三酯进行酯交换反应。图 2.10 为用于酯交换反应中不含 β—CH 的常见多元醇。

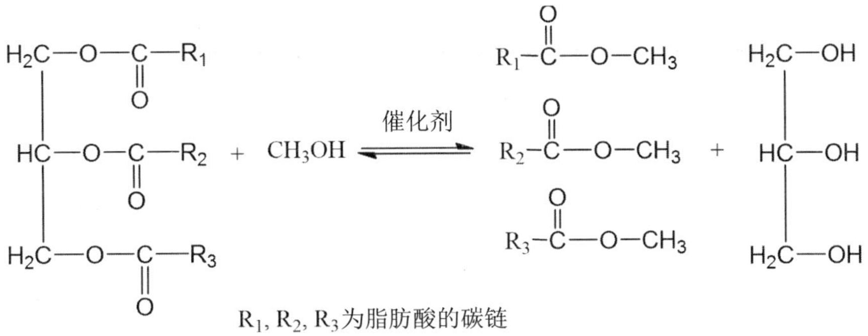

R₁, R₂, R₃为脂肪酸的碳链

图 2.9　甲醇与甘油三酯的酯交换反应

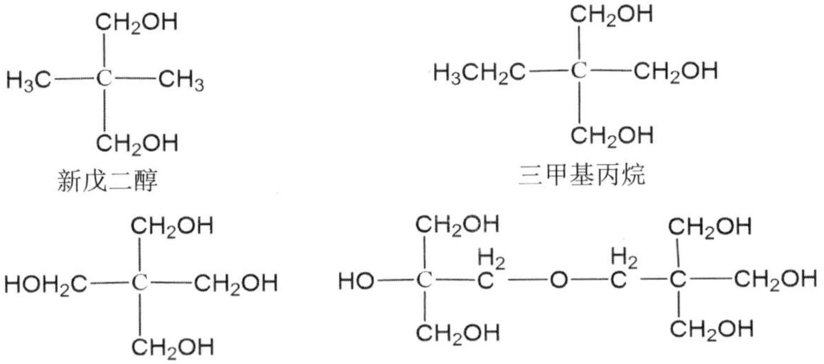

新戊二醇　　　　　　　　　　　　三甲基丙烷

季戊四醇　　　　　　　　　　　　二戊硫醚醇

图 2.10　用于酯交换反应中不含 β—CH 的多元醇

采用对应醇钠作为催化剂的酯交换反应，其脂肪酸甲酯的产率最高。

2.1.4　餐饮废油资源化利用研究现状

餐饮废油的主要成分是动植物油，其具有环境污染和回收再利用的双重性质。因此，在石油资源日益枯竭和环境污染问题日益严峻的情况下，对餐饮废油进行资源化利用，生产出附加值更高的产品，具有重要的经济和社会效益意义。目前，餐饮废油的资源化利用方式包括：制备生物柴油作为替代燃料，制备表面活性剂中间体、皮革加脂剂、油酸、硬脂酸、甘油、洗衣粉和肥皂等化工原料，加工动物饲料。其中，将餐饮废油回收后制备生物柴油的资源化利用方式，吸引了世界各国研究者的持续关注。

餐饮废油与醇的酯交换反应，是制备生物柴油最常用的方法。按照反应体系不同，餐饮废油的酯交换反应可以分为均相（homogeneous）和非均相

（heterogeneous）两种体系。催化酯交换反应的催化剂可以分为碱性催化剂、酸性催化剂和酶催化剂三种。碱性催化剂包括易溶于醇的 NaOH、KOH、CH_3ONa、$NaOCH_3$ 和各种固体碱催化剂；酸性催化剂包括易溶于醇的硫酸、磺酸和各种固体酸催化剂；酶催化剂包括固定化脂肪酶等。

碱性催化剂催化酯交换反应的反应机理如图 2.11 所示。首先，ROH 与碱性催化剂 B 反应生成 RO^- 和 BH^+。随后，RO^- 亲核攻击甘油三酯（triglyceride，TG）的羰基 C 原子，生成四面体结构的中间体。然后，这个中间体分解成 FAME 和甘油二酯（diglyceride，DG）阴离子。最后，DG 阴离子与 BH^+ 反应生成 RO^- 和碱性催化剂 B。碱性催化剂催化 DG 和甘油单酯（monoglyceride，MG）的过程与 TG 类似，最后转化为甘油。

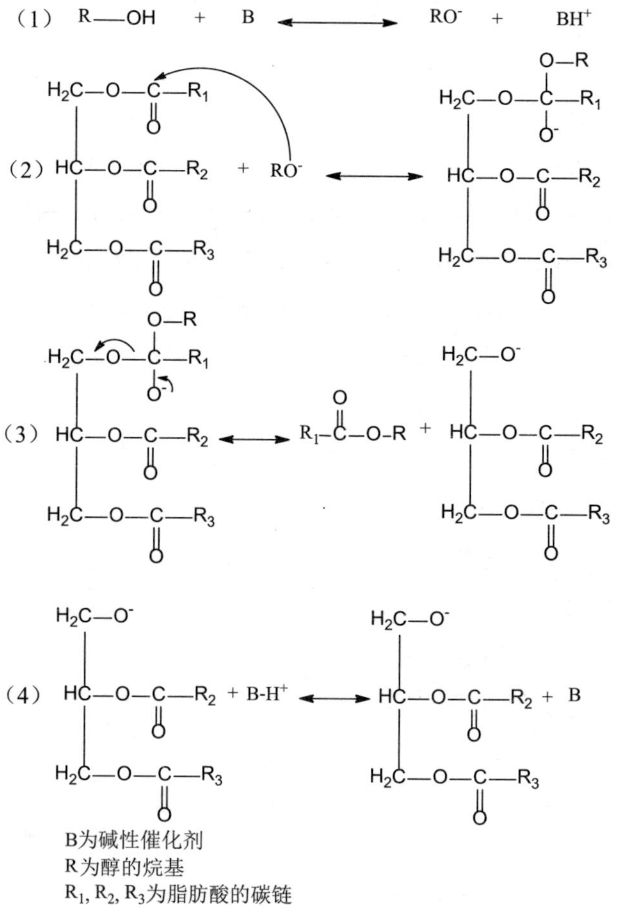

图 2.11　碱性催化剂催化酯交换反应的反应机理

酸性催化剂催化酯交换反应的反应机理如图 2.12 所示。首先，H^+ 与 TG 的羧基结合，形成 C 阳离子中间体。然后，R_4OH 亲核攻击 C 阳离子，形成四面体结构的中间体。最后，中间体分解成 FAME、DG 和 H^+，H^+ 进入下一个催化反应中。酸性催化剂催化 DG 和甘油单酯（monoglyceride，MG）的过程与 TG 类似，最后转化为甘油。

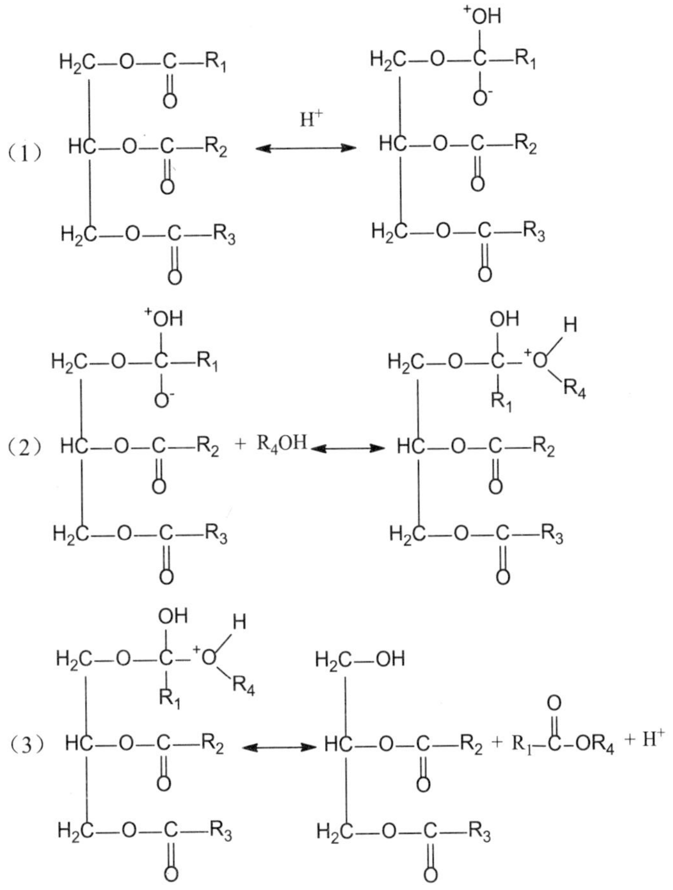

R₁, R₂, R₃为脂肪酸的碳链
R₄为醇的烷基

图 2.12　酸性催化剂催化酯交换反应的反应机理

目前，碱性催化剂在酯交换反应催化中应用广泛，是因为使用碱性催化剂具有反应条件温和、反应速率快（使用碱性催化剂的酯交换反应率可达同当量酸性催化剂的 4 000 多倍）、酯交换反应消耗的醇量小和对设备的腐蚀性小等优点。但碱性催化剂也存在对原料酸值和水分含量敏感的缺点，酯交换反应进行前需要对餐饮废油做脱酸、脱水和预酯化等处理。

Meng 等采用 NaOH 催化餐饮废油与甲醇的酯交换反应制备生物柴油，考察了醇油摩尔比、催化剂用量、反应时间和反应温度对生物柴油产率及性能的影响。试验结果表明在工艺条件：醇油摩尔比为 6∶1、催化剂用量为 0.7%、反应时间为 90 min、反应温度为 50℃时，生物柴油的产率最高达到 86%。Tomasevic 等采用 NaOH 和 KOH 催化废葵花油制备生物柴油。试验结果表明：当醇油摩尔比为 6∶1、催化剂为质量分数 1% 的 KOH、反应温度为 25℃、反应时间为 30 min 时，产率达到最高；当醇油摩尔比为 6∶1、催化剂为质量分数 1% 的 KOH、反应温度为 25℃、反应时间为 90 min 时，所制备的生物柴油性能最好；增加催化剂和醇的用量不能提高生物柴油的产率。Felizardo 等采用 NaOH 和干燥 $MgSO_4$ 催化餐饮废油制备生物柴油，反应条件为：65℃下反应 1 h，醇油摩尔比为 3.6∶1 ～ 5.4∶1，催化剂的质量分数为 0.2% ～ 1.0%，考察了酸值、醇油摩尔比和催化剂质量分数对酯交换反应的影响。试验结果表明：低酸值的餐饮废油所制备的生物柴油性能比高酸值餐饮废油所制备的生物柴油性能更好；当醇油摩尔比为 4.2∶1、催化剂质量分数为 0.8% 时，生物柴油产率最高；提高醇油摩尔比可以减小餐饮废油酯交换反应的催化剂用量。

与碱性催化剂相比，酸性催化剂最大的不同是，可以催化高酸值的原料油的酯交换反应，这是由于酸性催化剂会使游离脂肪酸与醇发生酯化反应生成 FAME。因此，酸性催化剂更适合用于催化高酸值的原料油，也适合用于催化长碳链脂肪醇或含有支链的脂肪醇与油脂的酯交换反应。酸催化酯交换反应具有反应速率慢、所需的反应温度和醇油摩尔比高、催化活性受水分的影响大等缺点。在酸催化酯交换反应中，提高反应温度会导致副反应的发生，生成二甲醚、甘油醚等副产物。酸催化酯交换反应中生成的 C 阳离子易与水反应生成碳酸，导致生物柴油的产率降低。Nye 等采用 H_2SO_4 和 KOH 催化甲醇、乙醇、异丙醇、丙醇、丁醇和异辛醇与餐饮废油进行酯交换反应。试验结果表明：酸催化的酯交换反应生物柴油的产率高于碱催化的酯交换反应生物柴油的产率；酸催化的酯交换反应时间较碱催化的反应时间长。Al-Widyan 等采用不同浓度的硫酸和高氯酸催化废棕榈油的酯交换反应，结果表明：浓度越高的酸催化的酯交换反应，其产物的比重越低，所需的反应时间也越短；最优的反应条件：硫酸浓度 2.25 mol/L、反应温度 90℃、反应时间 3 h；硫酸的催化活性高于高氯酸，且前者产物的比重也低于后者。Miao 等发现三氟乙酸催化酯交换反应制备生物柴油的效率最高，考察了醇油摩尔比（5∶1 ～ 60∶1）、催化剂浓度（0.0 ～ 3.0 mol/L）、反应温度（100～200℃）、反应时间（1～7 h）对生物柴油转化率的影响。试验结果表明：催化剂浓度为 2.0 mol/L、醇油摩尔比为 20∶1、反应温度为 120℃、反应时间为 5 h 时，生物柴油的产率达到 98.5%。

酶催化酯交换反应具有无副产物、产物易分离、催化剂可重复使用、反应温度低等优点，其中反应温度低是酶催化酯交换反应最大的优点。酶催化酯交换反应的缺点在于价格贵、对水和游离脂肪酸敏感。Hsu 等采用固定化脂肪酶催化餐饮废油与甲醇和乙醇酯交换反应制备脂肪酸甲酯和脂肪酸乙酯，结果表明：固定化脂肪酶催化废弃油脂与甲醇制备生物柴油的产率为 47%～89%，而催化废弃油脂与乙醇制备生物柴油的产率为 84%～94%；固定化脂肪酶可以多次使用，其催化活性没有明显降低。Chen 等采用固定化假丝酵母脂肪酶催化餐饮废油酯交换反应制备生物柴油，试验结果表明：当脂肪酶、正己烷、水、餐饮废油的质量为 25∶15∶10∶100，反应器流量为 2.1 mL/min，反应温度为 45℃时，脂肪酸甲酯的产率达到最高，为 91.08%。Mittelbach 在无石油醚作为溶剂条件下，采用假单胞菌脂肪酶（pseudomanas lipase）、假丝酵母脂肪酶（candida lipase）和黏膜脂肪酶（mucor lipase）催化葵花油与甲醇、乙醇、丁醇的酯交换反应。试验结果表明：无溶剂条件下，乙醇与丁醇的生物柴油产率大大高于甲醇。

2.2 高酸值餐饮废油的酯交换改性及其响应曲面优化

2.2.1 引言

随着全球石油资源储备的日益减少，以及工业发展中广泛使用石油资源所带来的环境污染问题日益突出，探索和发展一种替代燃料或可再生能源，以代替即将枯竭的石化能源已迫在眉睫。脂肪酸甲酯（fatty acid methyl ester，FAME）是由天然动植物油脂、餐饮废油或工程微藻等为原料制备而成的，是一种绿色环保型可再生燃料。与石油相比，FAME 作为矿物燃料的替代品，在环保、低温启动、润滑和燃烧等方面的性能优良，再加上其生产成本低的优点，使得其具有巨大的发展潜力，已引起了全球各国的广泛关注。

响应曲面法（response surface methodology，RSM）是结合试验设计、建模、检验模型的合适性和寻求最佳组合条件建立经验模型的一种优化方法，广泛应用于各因素及其交互作用对响应值影响的定量分析。RSM 将回归方程作为函数估计的工具，采用多项式拟合多因子试验中因子与指标的相互关系，使得各因素与响应值之间的关系得到精确的表述。然后，从响应曲面的形状上寻找到最佳控制点，确定工艺过程中的各因子及其交互作用对指标的影响。所以，RSM 在试验设计与结果表达方面的特点更加突出。RSM 在考虑试验随机误差的基础上，还采用简单的一次或二次多项式模型来拟合在小区域内复杂位置的函数关系。RSM 的计算比较简便，具有降低开发成本、优化加工条件、提高产品质量、直观解决生产过程中实际问题等优点。RSM 不同于传统的正交试验，在试验条件寻优的过程中，RSM 可以连续分析试验的各水平，而正交试验只能分析一个个孤立的试验点。近年来，RSM 已被广泛应用于脂肪酸甲酯制备工艺的优化研究中，但应用于固体碱均相催化餐饮废油制备脂肪酸甲酯工艺条件的研究鲜见报道。

采用固体碱 NaOH 催化高酸值餐饮废油酯交换改性制备脂肪酸甲酯，在单因素试验考察催化剂质量分数、醇油摩尔比、反应温度和反应时间对脂肪酸甲酯产率影响的基础上，采用响应曲面法中的 Box-Behnken Design 模型设计了 4 因素 3 水平的响应曲面试验。建立以催化剂质量分数、醇油摩尔比、反应温度和反应时间为自变量，脂肪酸甲酯产率为响应函数的数学模型，优化酯交换改性的反应条件，得到酯交换反应的最佳操作条件，为固体碱 NaOH 催化高酸值餐饮废油酯交换改性制备脂肪酸甲酯的工艺研究提供有效的理论依据，也为餐饮废油的资源化利用增加一个新的途径。

2.2.2 试验材料、试剂和仪器

餐饮废油由重庆环卫集团提供，酸值为 114.16 mgKOH/g[①]，含水量为 0.6%，杂质含量为 0.4%。餐饮废油经去离子水洗、过滤除杂、加热至 105℃除水、活性白土脱色、工业级植物油脱胶剂脱胶等步骤预处理后，其基本理化性质见表 2.1。

表 2.1　餐饮废油的性能指标

性能指标	v^{40} /(mm$^2 \cdot$ s^{-1})	皂化值（SV） /(mgKOH $\cdot$ g^{-1})	碘值（IV） /(gI$_2 \cdot$ g^{-1})	酸值（AN） /(mgKOH $\cdot$ g^{-1})	ρ^{20} /(g $\cdot$ cm^{-3})	$\overline{M}$
餐饮废油	33.07	191	86	30.89	0.914 1	105 1
标准	GB/T 265—1988	GB/T 5534—1995	GB/T 5532—2022	GB/T 264—1983	GB/T 2540—1988	—

注：$\overline{M} = (56.1 \times 1000 \times 3) / (SV - AN) = 168300/(SV - AN)$

试验试剂：甲醇、无水乙醇、NaOH、浓硫酸、邻苯二甲酸氢钾、酚酞、变

---

① mgKOH/g 表示物质的酸值或羟值，是指在一定条件下（通常是 1 g），某种物质能够与 KOH 反应生成的 OH⁻ 的数量。

色酸、I_2，均为分析纯，购自上海阿拉丁化学试剂有限公司。环己酮、油酸、KIO_4、$Na_2S_2O_3$、KI、$Fe_2(SO_4)_3$、$KMnO_4$，均为化学纯，购自天津市化学试剂厂。棕榈酸甲酯、油酸甲酯、亚油酸甲酯和硬脂酸甲酯，均为色谱纯，购自上海阿拉丁化学试剂有限公司。

试验仪器：HH-4 数显恒温水浴锅，FA 2004 电子分析天平，循环水多用真空泵，JJ-1 定时电动搅拌器，超声波清洗器，ZK-82BB 电热真空干燥箱，R-200 旋转蒸发仪，三口烧瓶、滴液漏斗、冷凝器、分液漏斗、烧杯等玻璃仪器，Tensor27 型傅立叶变换红外光谱仪，Agilient6890N 型气相色谱仪，INOVA 核磁共振仪。

2.2.3　试验方法

2.2.3.1　餐饮废油的酯交换反应

在装有冷凝管的 500 mL 三颈烧瓶中加入 100 g 经预处理后的 WCO，预热到一定温度。随后，将一定量催化剂 NaOH 溶于 CH_3OH 中，加入预热到一定温度的 WCO 中，启动电动搅拌器，开始计时。反应一定时间后，关闭电动搅拌器，记下反应时间，结束反应。首先，采用旋转蒸发仪回收反应中过量的 CH_3OH。然后，用分液漏斗静置分层反应物，除去下层甘油。随后，在上层有机相中加入一定量 30% 的磷酸，以中和未反应的催化剂 NaOH。接着，启动电动搅拌器搅拌一段时间，用饱和 NaCl 溶液洗涤除去残余皂和催化剂 NaOH，直到洗涤水变清澈透明为止。最后，用无水 Na_2SO_4 除去产物中的水分，离心并过滤后，得到澄清透明的有机相即为 FAME。

2.2.3.2　餐饮废油酯交换反应产率的测定

配制一定浓度的 FAME 样品的正己烷溶液，取 0.8 mL 该溶液加入 0.2 mL 浓度为 10 mg/mL 的邻苯二甲酸二乙酯内标液中，以 4 种 FAME 混合溶液为标准品，混合均匀后进行气相色谱分析，用内标法测得餐饮废油脂肪酸甲酯的含量，由式（2.1）计算餐饮废油脂肪酸甲酯的产率。

$$Y = \frac{m_f}{m} \times 100\% \qquad (2.1)$$

式中，Y 为餐饮废油脂肪酸甲酯的产率；m_f 为酯交换反应得到的产品中餐饮废油脂肪酸甲酯的含量；m 为餐饮废油完全酯交换反应后产品中餐饮废油脂肪酸甲酯的含量。

2.2.3.3　气相色谱分析条件

汽化温度为 250℃，检测室温度为 300℃。程序升温为：初始柱温 210℃，保持 9 min 后，以 20℃/min 的速度升高温到 230℃，保持 10 min。载气为氮气，柱流速为 1.5 mL/min，恒流模式；分流比 80:1，进样量 1 μL；氢气流速为 40 mL/min，空气流速为 400 mL/min。

2.2.3.4　建立脂肪酸甲酯的标准曲线

精确称量棕榈酸甲酯（methyl palmitate，C16:0）、油酸甲酯（methyl oleate，C18:1）、亚油酸甲酯（methyl linoleate，C18:2）和硬脂酸甲酯（methyl stearate，C18:0）的标准样品，各自配制成 32 mg/mL 的脂肪酸甲酯混合物标准 CH_3OH 溶液。然后，将标准 CH_3OH 溶液进行稀释，质量浓度分别为 2 mg/mL、4 mg/mL、6 mg/mL、8 mg/mL、12 mg/mL、14 mg/mL、16 mg/mL、28 mg/mL 和 32 mg/mL。然后，准确量取 0.5 mL 上述不同质量浓度的 CH_3OH 溶液，并在其中分别加入质量浓度为 2 mg/mL 的环己酮内标溶液 0.5 mL 进行 GC 分析。将各脂肪酸甲酯对内标物的质量浓度比值作为自变量 X，各脂肪酸甲酯对内标物的峰面积比值作为因变量 Y，则得到的 X 与 Y 的函数关系式即为标准曲线。

2.2.4　合成路线

采用均相碱 NaOH 催化高酸值餐饮废油酯交换改性制备脂肪酸甲酯，合成路线如图 2.13 所示。

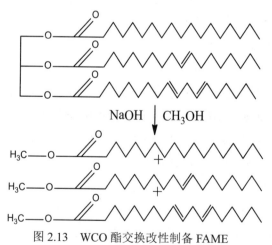

图 2.13　WCO 酯交换改性制备 FAME

2.2.5　脂肪酸甲酯的主要成分及相对含量

表 2.2 为餐饮废油酯交换改性制备脂肪酸甲酯的主要成分及相对含量。

　　由表 2.2 可以看出，脂肪酸甲酯的主要成分为油酸甲酯（methyl oleate，C18:1），相对含量为 55.26%；棕榈酸甲酯（methyl palmitate，C16:0），相对含量为 31.94%；硬脂酸甲酯（methyl stearate，C18:0），相对含量为 5.66%；亚油酸甲酯（methyl linoleate，C18:2），相对含量为 4.10%。四种脂肪酸甲酯的相对含量占到 96.96%。

表 2.2　脂肪酸甲酯的主要成分及相对含量

脂肪酸甲酯的主要成分	相对分子质量	相对含量 / %
methyl laurate，C12:0	214	0.08
methyl myristate，C14:0	242	0.70
methyl palmitoleate，C16:1	268	0.52
methyl palmitate，C16:0	270	31.94
methyl heptadecanoate，C17:0	284	0.22
methyl oleate，C18:1	296	55.26
methyl stearate，C18:0	298	5.66
methyl linoleate，C18:2	294	4.10
EPA methyl ester，C20:5	316	0.06
methyl arachidonoate，C20:1	324	0.31
methyl arachidate，C20:0	326	0.42
methyl behenate，C22:0	354	0.09
methyl tetracosanoate，C24:0	382	0.04
methyl hexacosanoate，C26:0	410	0.02
其他	—	1.88

　　表 2.3 为四种主要脂肪酸甲酯的线性关系。

表 2.3　主要脂肪酸甲酯的线性关系

脂肪酸甲酯的主要成分	线性范围 / (mg·mL⁻¹)	回归方程	相关性系数
methyl oleate，C18:1	2～32	$y = 0.536x - 0.008$	0.994
methyl palmitate，C16:0	2～32	$y = 0.369x - 0.066$	0.995
methyl stearate，C18:0	2～32	$y = 0.655x + 0.152$	0.995
methyl linoleate，C18:2	2～32	$y = 0.415x - 0.087$	0.990

由表 2.3 可以看出，油酸甲酯（methyl oleate，C18:1）、棕榈酸甲酯（methyl palmitate，C16:0）、硬脂酸甲酯（methyl stearate，C18:0）和亚油酸甲酯（methyl linoleate，C18:2）四种脂肪酸甲酯的质量浓度在 2～32 mg/mL 范围内，具有良好的线性关系。

2.2.6　响应曲面试验设计

2.2.6.1　RSM 原理

响应与因素之间的关系可以用函数 $y = f(x_1, x_2, \cdots, x_n) + \varepsilon$ 表示，其中 ε 是响应 y 的观测误差或者噪声。将响应的期望值记为 $E(y) = f(x_1, x_2, \cdots, x_n)$，则由 $\eta = f(x_1, x_2, \cdots, x_n)$ 所表示的曲面即为响应曲面。RSM 是用于寻求响应值 y 与自变量 $(x_1, x_2, \cdots, x_n)$ 之间函数关系的一个合理逼近式，其最终目的是优化响应值 y。首先，采用一阶模型确定最优点所在的邻域。然后，再用更精确的二阶模型来确定最优点的位置。

响应值 y 与自变量 $(x_1, x_2, \cdots, x_n)$ 的函数关系可以用式（2.2）来表示。

$$y = \beta_0 + \beta_1 x_1 + \beta_2 x_2 + \cdots + \beta_k x_k + \varepsilon \tag{2.2}$$

一般，采用最速下降（或上升）法来确定最优点所在邻域，也就是沿着响应有最小（或最大）增量的方向逐步移动，最快下降（或上升）的方向就是响应增加最小（或最大）的方向，与拟合响应曲面等高线的法线方向平行。

当试验接近最优点邻近区域时，需要用二阶模型来逼近响应，确定最优点。响应值与变量因素之间的多元二阶模型可用式（2.3）表示。式（2.3）的矩阵形式为式（2.4）。式（2.4）中的 X 由式（2.5）表示。

$$y = \beta_0 + \sum_{i=1}^{k} \beta_i x_i + \sum_{i=1}^{k} \beta_{ii} x_i^2 + \sum_{i-1}\sum_{j=1} \beta_{ij} x_i x_j + \varepsilon \tag{2.3}$$

$$y = \hat{\beta}_0 + X'b + X'BX \tag{2.4}$$

$$X = \begin{bmatrix} x_1 \\ x_2 \\ \vdots \\ x_k \end{bmatrix} \tag{2.5}$$

假设存在因素 $(x_1, x_2, \cdots, x_k)$ 能够最优化预测响应，则在此点存在 $\partial \hat{y}/\partial x_1 = \partial \hat{y}/\partial x_2 = \cdots = \partial \hat{y}/\partial x_k = 0$ 的关系。此点称为稳定点，其解为 $X_0 = -(B^{-1}b/2)$，最佳影响点的预测响应值为 $\hat{y}_0 = \hat{\beta}_0 + (X_0'b/2)$。

2.2.6.2　RSM 试验设计

采用单因素试验，分别考察催化剂质量分数、醇油摩尔比、反应温度和反应时间对 FAME 产率的影响。然后，分别确定 FAME 产率达到最大值时，催化剂质量分数、醇油摩尔比、反应温度、反应时间各自对应的值。

首先，以单因素试验中的最佳试验条件组合为中心点。然后，在中心点的两侧取适当水平。按照 BBD 设计试验，在中心点邻域内，利用回归方程对影响 FAME 产率的各个因素进行关联，并量化各个因素对试验结果的影响。试验条件采用回归方程进行优化，得到 FAME 产率达到最大值时的试验条件组合。

2.2.7　单因素试验考察各因素对脂肪酸甲酯产率的影响

2.2.7.1　催化剂质量分数的影响

在酯交换反应中，催化剂可以使反应的活化能降低，反应速率提高。固定醇油比为 8∶1，反应温度为 75℃，反应时间为 120 min，在 NaOH 质量分数为 0.3 %、0.5 %、0.7%、0.9%、1.1%、1.3%、1.5%、1.7% 时，分别进行 WCO 的酯交换反应，醇油摩尔比对餐饮废油 FAME 产率的影响如图 2.14 所示。

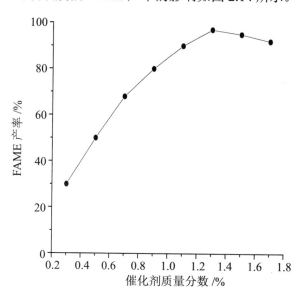

图 2.14　催化剂 NaOH 质量分数对 FAME 产率的影响

由图 2.14 可以看出，FAME 产率随着催化剂质量分数的增加而增加。在催化剂质量分数达到 1.3% 之前，FAME 产率随着催化剂质量分数的增加而增加，这是由于催化剂质量分数增加，反应中的活性中心数目也随之增多，反应速度加快，使产率提高。当 NaOH 催化剂的质量分数超过 1.3% 时，FAME 产率的增长趋于平缓。可能是由于强碱 NaOH 过量时，导致副反应皂化反应加快，产品乳化现象严重，使得甘油不容易分离，增大了产物的黏度。因此，初步估测适宜的 NaOH 催化剂的质量分数为 1.3% 左右。

2.2.7.2 醇油摩尔比的影响

由于酯交换反应是可逆反应，一般采用过量的 CH_3OH 以促进反应平衡向正反应方向移动，达到提高 FAME 产率的目的。但 CH_3OH 过量，不仅对正反应促进作用有限，还会导致分离的困难。固定催化剂质量分数为 1.3%，反应温度为 75℃，反应时间为 120 min，在甲醇/餐饮废油摩尔比为 4:1、5:1、6:1、7:1、8:1、9:1、10:1 的条件下，分别进行 WCO 的酯交换反应，醇油摩尔比对 FAME 产率的影响如图 2.15 所示。

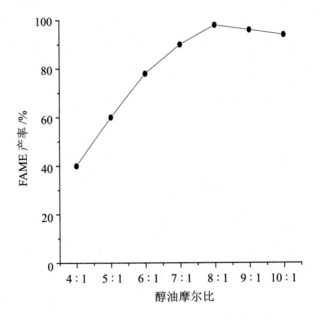

图 2.15 醇油摩尔比对 FAME 产率的影响

由图 2.15 可以看出，在醇油摩尔比较小时，FAME 产率为 40% 左右，FAME 的产率随着醇油摩尔比增大而增大。但当醇油摩尔比大于 8:1 时，FAME 产率达到峰值并开始减小。可能的原因是酯交换反应大多都是 S_N2 反应，反应物的浓度随甲醇用量的增加使得酯交换反应体系中极性也跟着增加，导致反应速度减缓。鉴于工业生产时，CH_3OH 回收的损失及成本投入，CH_3OH 的量过大会导致成本增加。因此，初步估测醇油摩尔比在 8:1 左右比较适合。

2.2.7.3　反应温度的影响

固定催化剂质量分数为 1.3%，醇油摩尔比为 8∶1，反应时间为 120 min，在反应温度为 35℃、45℃、55℃、65℃、75℃、85℃ 的条件下，分别进行 WCO 的酯交换反应，反应温度对 FAME 产率的影响如图 2.16 所示。

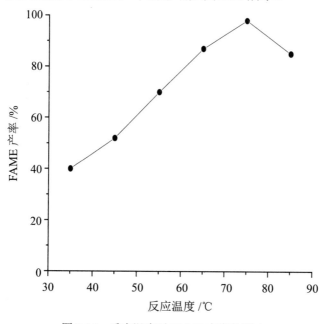

图 2.16　反应温度对 FAME 产率的影响

由图 2.16 可以看出，FAME 的产率受温度的影响较大，当温度低于 75℃时，FAME 的产率随温度的增加而增加。当温度高于 75℃时，FAME 的产率随温度的增加而减小。可能的原因是 CH_3OH 的沸点为 64.5℃，超过沸点后，CH_3OH 大量汽化，导致反应体系中的 CH_3OH 大量挥发到气相中，从而导致液相中的 CH_3OH 浓度降低，使得酯交换反应不容易进行，反应不完全，导致产率下降。因此，初步估测反应温度在 75℃左右比较合适。

2.2.7.4　反应时间的影响

在酯交换反应中，FAME 的产率是受反应速率和反应时间共同影响的。因此，选择适宜的反应时间，不仅有利于节省能源，还可以提高效率。固定催化剂质量分数为 1.3%，醇油摩尔比为 8∶1，反应温度为 120℃，在反应时间分别为 40 min、60 min、80 min、100 min、120 min、140 min、160 min 的条件下，分别进行 WCO 的酯交换反应，反应时间对 FAME 产率的影响如图 2.17 所示。

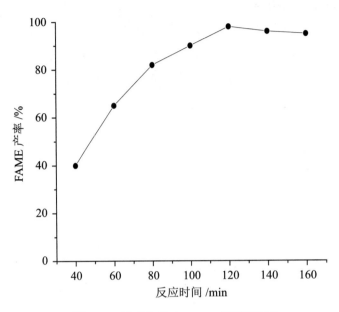

图 2.17　反应时间对 FAME 产率的影响

由图 2.17 可以看出，反应时间在 0～120 min 内 FAME 产率提高幅度很快，这表明反应速率较快。FAME 产率随反应时间的增加而变大，但当反应时间超过 120 min 后，FAME 产率上升速度减慢。这是由于在酯交换反应的起始阶段，酯交换反应没有达到平衡，增加反应时间，可以使反应向正方向移动，这是酯交换反应在 40～120 min 内，FAME 产率增加的原因。但当反应时间超过 120 min 后，酯交换反应基本达到平衡，继续增加反应时间，不但不能使平衡向右移动，反而会导致 FAME 浓度减小，导致副反应皂化反应加速。因此，初步估测反应时间在 120 min 左右比较合适。

2.2.8　餐饮废油制备脂肪酸甲酯的响应曲面优化

2.2.8.1　BBD 试验设计及结果分析

结合单因素试验对餐饮废油 FAME 产率影响的考察结果，根据 BBD 模型的中心组合设计原理，以催化剂质量分数（X_1）、醇油摩尔比（X_2）、反应温度（X_3）、反应时间（X_4）四个因素为自变量，按照方程 $X_i = (Z_i - Z_{i0}) / \Delta Z_i$ 对自变量进行编码，式中 X_i 为自变量的编码值，Z_i 为自变量的真实值，Z_{i0} 为自变量的变化步长，以餐饮废油 FAME 的产率（Y）为响应值，设计了 4 因素 3 水平共 29 个试验点的响应曲面分析试验。其因素水平分析选取见表 2.4。

表 2.4　BBD 试验设计的因素与水平

变量	因素	水平		
		−1	0	+1
X_1	催化剂质量分数 /%	1.1	1.3	1,5
X_2	醇油摩尔比	7 : 1	8 : 1	9 : 1
X_3	反应温度 /℃	65	75	85
X_4	反应时间 /min	100	120	140

以 X_1、X_2、X_3、X_4 为自变量，餐饮废油 FAME 的产率为响应值 Y，响应曲面试验设计及结果如表 2.5 所示。

表 2.5　BBD 试验设计及结果

序号	X_1	X_2	X_3	X_4	FAME 产率 /%
1	0	0	1	-1	86.92
2	1	−1	0	0	92.07
3	−1	0	0	1	91.34
4	0	0	0	0	97.65
5	0	0	0	0	97.31
6	0	−1	1	0	89.96
7	0	0	0	0	97.54
8	1	1	0	0	92.86
9	1	0	−1	0	86.96
10	0	1	−1	0	89.98
11	1	0	0	−1	87.87
12	−1	−1	0	0	90.05
13	−1	0	−1	0	83.66
14	0	0	−1	−1	86.93
15	−1	0	0	−1	89.76
16	1	0	1	0	84.79

续表

序号	X_1	X_2	X_3	X_4	FAME 产率 /%
17	0	0	−1	1	90.13
18	1	0	0	1	93.93
19	0	0	1	1	93.05
20	0	−1	0	1	96.41
21	0	1	1	0	90.76
22	−1	1	0	0	93.01
23	0	−1	0	−1	91.78
24	−1	0	1	0	87.69
25	0	0	0	0	97.43
26	0	1	0	1	96.15
27	0	1	0	−1	94.29
28	0	−1	−1	0	87.95
29	0	0	0	0	97.93

采用 Design Expert 8.0.6 软件对表 2.3 中的所有试验点的响应值进行回归分析，得到的二次多元回归方程如式（2.6）所示。

$$Y = 97.57 + 0.25X_1 + 0.74X_2 + 0.63X_3 + 1.95X_4 - 4.88X_1^2 - 0.97X_2^2$$
$$-6.78X_3^2 - 1.81X_4^2 - 0.54X_1X_2 - 1.55X_1X_3 + 1.12X_1X_4 - 0.31X_2X_3 \qquad （2.6）$$
$$-0.69X_2X_4 + 0.73X_3X_4$$

分析回归方程（2.6）中的回归系数，可知该方程的复相关系数平方 $R^2 = 0.966\,0$，修正相关系数平方 $R_{Adj}^2 = 0.987\,5$，表明回归方程精确度较高，试验失拟项较小，与实际情况吻合较好，因此可用于代替实验真实点对试验结果进行分析。

2.2.8.2 方差分析

利用 Design Expert 8.0.6 软件对表 2.5 中的 29 个试验点的响应值进行分析，采用 Cubic 模型进行关联。关联过程中的模型各项系数的方差分析如表 2.6 所示。当显著性系数（P 值）大于 0.05 时，表示该项指标影响不显著；当显著性系数（P 值）小于 0.05 时，表示该项指标影响显著；当显著性系数（P 值）小于 0.01 时，表示该项指标影响非常显著。

表 2.6　回归方程的方差分析

方差来源	平方和	自由度	均方差	F 值	P 值	显著性
Model	469.25	14	33.52	158.99	< 0.000 1	**
X_1	0.74	1	0.74	3.49	0.082 9	—
X_2	6.50	1	6.50	30.82	< 0.000 1	**
X_3	4.76	1	4.76	22.59	0.000 3	**
X_4	45.86	1	45.86	217.56	< 0.000 1	**
X_1X_2	1.18	1	1.18	5.58	0.033 1	*
X_1X_3	9.61	1	9.61	45.59	< 0.000 1	**
X_1X_4	5.02	1	5.02	23.80	0.000 2	**
X_2X_3	0.38	1	0.38	1.79	0.201 8	—
X_2X_4	1.92	1	1.92	9.10	0.009 2	**
X_3X_4	2.15	1	2.15	10.18	0.006 5	**
X_1X_1	154.67	1	154.67	733.68	< 0.000 1	**
X_2X_2	6.14	1	6.14	29.14	< 0.000 1	**
X_3X_3	298.55	1	298.55	1416.22	< 0.000 1	**
X_4X_4	21.29	1	21.29	101.01	< 0.000 3	**
残差	2.95	14	0.21	—	—	—
失拟检验	2.73	10	0.27	4.87	0.070 4	
误差	0.22	4	0.056	—	—	—
总和	472.20	28	—	—	—	—

$$R^2 = 0.966\ 0 \quad R_{\text{Adj}}^2 = 0.987\ 5$$

注：** 为非常显著；* 为显著；空为在 1% 水平上不显著。

由表 2.6 可知，该模型的（Pr > F）< 0.000 1，模型非常显著；失拟项的（Pr > F）= 0.070 4 > 0.05，失拟项不显著，表明该模型与实际情况拟合良好。比较各项的显著系数可知，X_2、X_3、X_4、X_1X_2、X_1X_3、X_1X_4、X_2X_4、X_3X_4、X_1^2、

X_2^2、X_3^2、X_4^2 项对餐饮废油 FAME 产率影响显著，其余项均不显著。其中，单因素对餐饮废油 FAME 产率的影响程度由大到小的顺序为 $X_4 > X_2 > X_3 > X_1$，而二次项交互作用对餐饮废油 FAME 产率的影响程度由大到小的顺序为 $X_1X_3 > X_1X_4 > X_2X_4 > X_3X_4$。

图 2.18 和图 2.19 分别为响应曲面法优化餐饮废油制备 FAME 的残差的正态分布图和残差与产率预测值的随机分布图。由图 2.18 可以看出残差的正态概率分布图近似在一条直线上，由图 2.19 可以看出餐饮废油 FAME 产率预测值与残差无关，说明该模型与实际拟合较好。

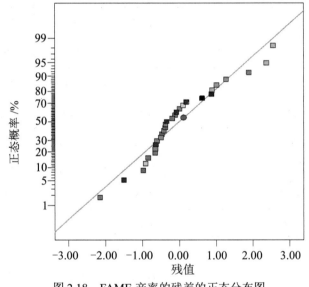

图 2.18　FAME 产率的残差的正态分布图

2.2.8.3　因子交互作用对脂肪酸甲酯产率的影响

响应曲面图是响应值 y 与对应自变量集合构成的一个三维空间图，可以直观地反映各自变量对响应值的影响。将 4 个因素中的 2 个固定，以另 2 个为变量，绘制因子间交互作用对餐饮废油 FAME 产率的三维响应曲面图。

图 2.20 为催化剂质量分数（X_1）和醇油摩尔比（X_2）对餐饮废油 FAME 产率 Y 的响应曲面图。由图 2.20 可知，当 X_1 和 X_2 增加，Y 在两个方向上均呈抛物线型变化，但 X_2 对 Y 的影响比 X_1 的影响要显著。

图 2.21 为催化剂质量分数（X_1）和反应温度（X_3）对餐饮废油 FAME 产率 Y 的响应曲面图。由图 2.21 可知，当 X_1 和 X_3 增加，Y 在两个方向上均呈抛物线形变化，但 X_3 对 Y 的影响比 X_1 的影响要显著。

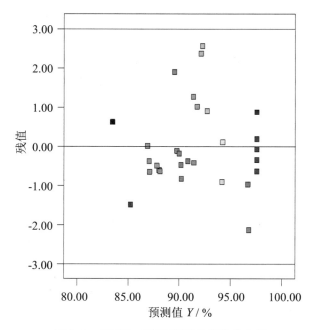

图 2.19 残差与产率预测值的随机分布图

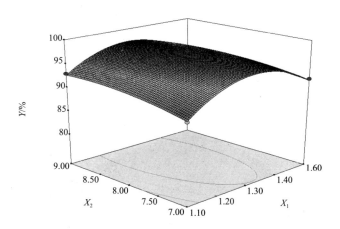

图 2.20 催化剂质量分数和醇油摩尔比对 FAME 产率的响应曲面图

图 2.22 为催化剂质量分数（X_1）和反应时间（X_4）对餐饮废油 FAME 产率 Y 的响应曲面图。由图 2.22 可知，当 X_1 和 X_4 增加，Y 在两个方向上均呈抛物线形变化，但 X_4 对 Y 的影响比 X_1 的影响要显著。

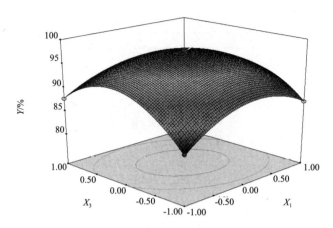

图 2.21　催化剂质量分数和反应温度对 FAME 产率的响应曲面图

图 2.23 为醇油摩尔比（X_2）和反应温度（X_3）对餐饮废油 FAME 产率 Y 的响应曲面图。由图 2.23 可知，当 X_2 和 X_3 增加，Y 在两个方向上均呈抛物线形变化，但 X_2 对 Y 的影响比 X_3 的影响要显著。当 X_2 增加时，反应体系中 CH_3OH 浓度增加，参与酯交换反应的概率大大提高，单个催化剂 NaOH 活性位上的 CH_3OH 数量也提高，导致 Y 增加；酯交换反应的反应速率常数随着温度升高而增大，此外，催化剂 NaOH 活性位点的活性也增加，但反应速率常数的增长速率低于催化剂反应位点活性的增加，导致 Y 增长变慢；当反应温度升高到一定值时，在反应器散热的影响下，X_3 升高，反应体系内的分子运动也增强，导致酯交换反应速率常数增加，使得 Y 又缓慢上升。由于 X_2 对 Y 影响的显著性较大，可以通过调节 X_2 来改变 Y。

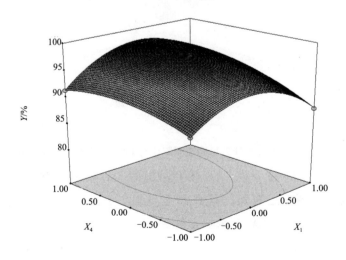

图 2.22　催化剂质量分数和反应时间对 FAME 产率的响应曲面图

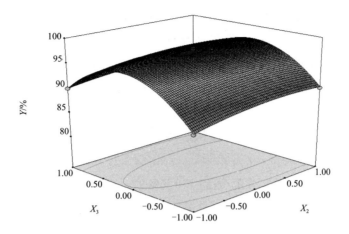

图 2.23　醇油摩尔比和反应温度对 FAME 产率的响应曲面图

图 2.24 为醇油摩尔比（X_2）和反应时间（X_4）对餐饮废油 FAME 产率 Y 的响应曲面图。由图 2.24 可知，当 X_2 和 X_4 增加，Y 在两个方向上均呈抛物线形变化，但 X_4 对 Y 的影响比 X_2 的影响要显著。

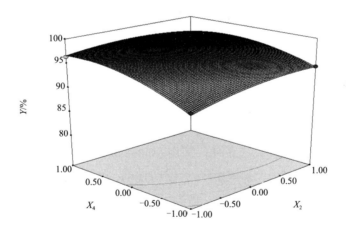

图 2.24　醇油摩尔比和反应时间对 FAME 产率的响应曲面图

图 2.25 为反应温度（X_3）和反应时间（X_4）对餐饮废油 FAME 产率 Y 的响应曲面图。由图 2.25 可知，当 X_3 和 X_4 增加，Y 在两个方向上均呈抛物线形变化，但 X_4 对 Y 的影响比 X_3 的影响要显著。

对比图 2.20、图 2.21、图 2.22 可以看出，随着 X_1 的增加，Y 先升高后降低，当催化剂质量分数为 1.3% 时，Y 最高。这是因为 X_1 的增加有利于 Y 的提高，但当 X_1 增加过多时，过多的碱性中心会引发副反应，使 Y 降低。对比图 2.20、图 2.23、

图 2.24 可以看出，随着 X_2 的增加，Y 显著提高，当 X_2 超过 8.3∶1 时，Y 趋于平衡。这是因为酯交换反应是一个可逆反应，当 X_2 为 8.3∶1 时，X_2 对 Y 的影响已达到最大，再继续增加 X_2 对正反应作用已经很小，同时甲醇浓度的提高会使反应体系极性增加，降低反应速率。对比图 2.21、图 2.23、图 2.25 可以看出，Y 随 X_3 的升高而显著增加，当 X_3 达到 75℃时，Y 减小变慢。这是因为 X_3 升高，提高了反应物的活性，使得反应速度变快，使得 Y 提高，当 X_3 高于 75℃后，超过甲醇的沸点，甲醇浓度降低，Y 开始降低。对比图 2.22，图 2.24，图 2.25 可以看出，随着 X_4 的增加，Y 增加，当 X_4 达到 130 min 时，反应基本达到平衡，如果继续增加 X_4，将会引发副反应的发生，降低 Y。

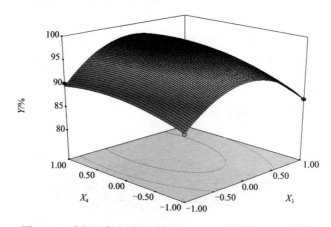

图 2.25　反应温度和反应时间对 FAME 产率的响应曲面图

2.2.8.4　回归模型验证

为了进一步确定最佳反应条件，采用 Matlab 软件编程计算最优点，得到编码值的最优点：$X_1 = 0.069$，$X_2 = 0.156$，$X_3 = 0.064$，$X_4 = 0.545$，代入公式计算真实值。最佳反应条件：催化剂质量分数为 1.31%，醇油摩尔比为 8.16∶1，反应温度为 75.64℃，反应时间为 130.90 min。由回归方程预测的餐饮废油 FAME 理论产率为 98.35%。采用该条件进行了 3 次重复试验，得到的餐饮废油 FAME 产率分别为 98.12%，98.24%，98.31%，与理论预测值相对误差较小，表明方程与实际情况拟合很好，进一步证明该回归模型的可靠性。

2.2.9　脂肪酸甲酯的结构表征

图 2.26 为 FAME 的红外光谱图。FTIR 特征峰分析结果：2 923 cm⁻¹ 和 2 853 cm⁻¹（CH_2 伸缩振动），1 733 cm⁻¹（CH_2 羰基 C＝O 伸缩振动），1 667 cm⁻¹（烯基伸缩振动），1 466 cm⁻¹（CH_2 弯曲振动），1 374 cm⁻¹（CH_3 对称弯曲振动），1 249 cm⁻¹，1 179 cm⁻¹

和 1 108 cm^{-1}（酯基—COO—伸缩振动），965 cm^{-1}（乙烯基 C—H 面外弯曲振动），723 cm^{-1}（CH$_2$ 面外弯曲振动）。

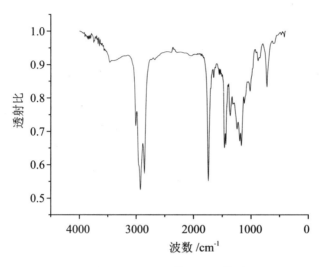

图 2.26　FAME 的红外光谱图

图 2.27 为 FAME 的氢核磁共振波谱图。^{1}H NMR 的化学位移 δ 分析结果：5.4×10^{-6}（2H，—CH＝CH—），2.3×10^{-6}（2H，—CH$_2$CO$_2$CH$_3$），2.0×10^{-6}（4H，—CH$_2$CH＝CHCH$_2$—），1.6×10^{-6}（2H，—CH$_2$CH$_2$CO$_2$CH$_3$），1.3×10^{-6}（20H，—CH$_2$—），0.9×10^{-6}（3H，—CH$_3$）。

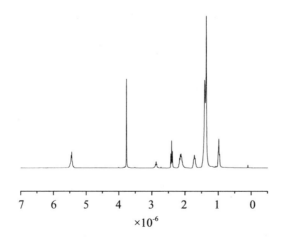

图 2.27　FAME 的氢核磁共振波谱图

从图 2.27 中可以看出，化学位移 δ = (0.85 ~ 0.95)×10^{-6} 的峰为脂肪酸端甲基（—(CH$_2$)$_n$—CH$_3$）质子的峰；化学位移 δ = (1.2 ~ 1.4)×10^{-6} 的峰为与脂肪酸

饱和 C 相连的亚甲基 $[—(CH_2)_m]$ 上质子的峰；化学位移 $\delta = (1.6 \sim 1.7) \times 10^{-6}$ 的峰为 β- 亚甲基（$—CH_2—CH_2—CH = CH—$）上质子的峰；化学位移 $\delta = (1.95 \sim 2.1) \times 10^{-6}$ 的峰为烯丙基（$—CH_2—CH_2—CH = CH—$）上质子的峰；化学位移 $\delta = (2.25 \sim 2.35) \times 10^{-6}$ 的峰为与羰基 C 相连 α- 亚甲基（$CH_3O_2—CH_2—$）上质子的峰；化学位移 $\delta = (2.75 \sim 2.80) \times 10^{-6}$ 的峰为双烯丙基（$—CH = CH—CH_2—CH = CH—$）上质子的峰；化学位移 $\delta = (3.5 \sim 3.8) \times 10^{-6}$ 的峰为端甲基上质子的峰；化学位移 $\delta = (5.3 \sim 5.5) \times 10^{-6}$ 的峰为不饱和 C（$—CH = CH$）上质子的峰。根据以上分析可确定产物的化学式为 $RCOOCH_3$。其中基团—R 为含有双键的脂肪链。

2.3 脂肪酸甲酯的原位环氧化改性及其反应机理和动力学研究

2.3.1 引言

目前，工业上应用的大部分润滑油基础油来源于石油。由于石油本身的化学性质，一旦渗透到土壤和水体中，即使在浓度高度稀释的情况下，也会对环境产生致命的生态毒性效应。因润滑油泄漏、溢出或不恰当排放等导致的环境问题，主要可通过改进设备的密封性能、延长润滑油的使用寿命、减少润滑油的使用量、再生利用废润滑油和开发可生物降解润滑油等方法解决。其中，研究和开发可生物降解的润滑油，可以从源头上解决由润滑油引起的环境污染问题。因此，研究和开发一种高可生物降解性、低生态毒性的润滑油代替目前使用的石油产品已经得到世界各国广泛的共识。

脂肪酸甲酯（fatty acid methyl ester，FAME），是由天然的动植物油脂与甲醇发生酯交换反应得到的一种可再生性能源，具有良好的润滑性能和较好的生物降解性能、可再生、不污染环境，是非常具有潜力的石油替代品。但其组分相对复杂，包括不同比例的 $C_{16} \sim C_{22}$ 饱和与不饱和脂肪酸酯，相对分子质量呈非正态分布，尤其是含有饱和脂肪酸酯及一烯不饱和脂肪酸酯，导致其氧化稳定性和低温流动性能较差，限制了其应用范围和使用寿命。

环氧脂肪酸甲酯（epoxidized fatty acid methyl ester，EFAME），由脂肪酸甲酯环氧化改性得到，其碘值可以极大的降低，具有良好的润滑性能、分散性能及其可生物降解性能，被广泛应用于制备润滑油基础油。此外，EFAME 还具有无毒无味、光热稳定性好、相容性好、挥发极低、迁移性小等特点，被广泛用作聚氯乙烯（PVC）制品加工中的增塑剂，可完全代替环氧大豆油和部分代替邻苯二甲酸二辛酯（DOP），能明显提高 PVC 制品的物理性能和使用寿命。EFAME 的环氧基团，是 FAME 中的 C ＝ C 不饱和双键和过氧酸反应生成的，但在传统的生产工艺条件下，环氧化键的转化率只能达到 70% 左右，进一步提高很难。目前，环氧化的研究主要是优化环氧化反应条件。环氧化反应动力学研究，主要是针对中性油脂的环氧化，对餐饮废油 FAME 原位环氧化的动力学研究鲜有报道。

　　本章以强酸性阳离子交换树脂 CD-450 为催化剂，采用原位环氧化的改性方法对 FAME 进行环氧化改性制备润滑油基础油。通过试验得到原位环氧化改性的反应级数和反应活化能，为从理论上优化生产工艺、提高餐饮废油 FAME 环氧化率奠定基础，也为餐饮废油 FAME 的资源化利用增加一个新的途径。

2.3.2　试验材料、试剂和仪器

　　试验材料：FAME 由实验室自制，碘值为 112 g I_2/g，酸值为 0.31 mgKOH/g，其性能指标如表 2.7 所示。

表 2.7　FAME 的理化性能

理化性能	v^{40} /(mm^2 · s^{-1})	闪点（FP） /℃	碘值（IV） /(gI$_2$ · g^{-1})	酸值（AN） /(mgKOH · g^{-1})	ρ^{20} /(g · cm^{-3})	凝固点 (PP) /℃
FAME	4.47	160	112	0.31	0.89	−1
方法	GB/T 265—1988	GB/T 1671—2008	GB/T 5532—2022	GB/T 264—1983	GB/T 2540—1988	GB/T 3535—2006

　　试验试剂：30% 双氧水、甲酸、氢氧化钠、CD-450 离子交换树、硫代硫酸钠、溴化钠、三氯苯甲烷、二氯乙烷、乙醇、盐酸、蒸馏水、碘化钾、碳酸钙、碳酸钠、无水硫酸钠、百里香酚蓝和甲酚红，均为分析纯。

　　试验仪器：HH-4 数显恒温水浴锅，FA 2004 电子分析天平，循环水多用真空泵，JJ-1 定时电动搅拌器超声波清洗器，ZK-82BB 电热真空干燥箱，R-200 旋转蒸发仪，三口烧瓶（500 mL），滴液漏斗（250 mL），冷凝器，分液漏斗，烧杯，碱式滴定管（50 mL，棕色），圆底烧瓶（1 000 mL），容量瓶（1 000 mL），Tensor27 型傅立叶变换红外光谱仪，Agilient6890N 型气相色谱仪，INOVA 核磁共振仪。

2.3.3 试验方法

2.3.3.1 CD-450 离子交换树脂的预处理

CD-450 离子交换树脂中含有有机低聚物和无机杂质等，采用适量酸、碱对其进行预处理。首先，将树脂浸泡在蒸馏水中使其充分溶胀，再将其装入盛有蒸馏水的玻璃柱内，使其自然沉降且不夹带气泡。然后，依次使用一定量 4% 盐酸、蒸馏水、6% NaCl、蒸馏水、4% 盐酸对树脂进行处理。最后，用蒸馏水洗至无氯离子，备用。

2.3.3.2 脂肪酸甲酯的原位环氧化

在 500 mL 三口烧瓶上，安装温度计、滴液漏斗和冷凝管，按一定比例加入 FAME、HCOOH 及 CD-450，油浴升温并以一定速度搅拌（另称取适量 30% H_2O_2 于滴液漏斗中）。首先，将温度升至 45℃并保持恒温，在升温过程中慢慢滴加 30% H_2O_2，在 2 h 内滴加完成。再将温度升到 50℃，继续反应 6 h，停止搅拌，静置分层后，用分液漏斗分离油相和水相。所得的产物加热到 50℃左右，再加入 50℃的 5% NaOH 溶液，缓慢搅拌，并检测 pH 值，接近中性时停止加入 5% NaOH 溶液。继续搅拌 6 min，静置分层后分出水相，然后，加入 50℃的蒸馏水洗涤 2～3 次，静置，分出水相。将油相转入 500 mL 烧瓶中，在 90 kPa 真空度、100℃油浴加热条件下脱水 30～40 min，取出样品。

2.3.3.3 环氧脂肪酸甲酯的分析测定

采用 FTIR 定性分析环氧产物的结构。主要观测 1 650 cm^{-1} 处 C＝C 不饱和双键峰的消失和 882 cm^{-1} 环氧基团峰的出现。

根据《增塑剂环氧值的测定》（GB/T 1677—2008）测定环氧脂肪酸甲酯的环氧值、《动植物油脂　碘值的测定》（GB/T 5532—2022）测定脂肪酸甲酯的碘值、《动植物油脂　酸值和酸度测定》（GB/T 5530—2005）测定脂肪酸甲酯的酸值，并通过以下公式计算环氧基相对转化率 C_{ep}。

$$C_{ep} = \frac{EV_{expt}}{EV_{th}} \times 100\% \qquad (2.7)$$

$$EV_{th} = \frac{\dfrac{IV}{M(I_2)}}{100 + \dfrac{IV}{M(I_2)} \times M(O)} \times M(O) \times 100\% \qquad (2.8)$$

式（2.7）、式（2.8）中，EV_{expt}、EV_{th}、IV 分别表示试验测得环氧值、理论计算

环氧值和碘值，$M(O) = 16$，$M(I_2) = 127 \times 2 = 254$。

经计算可知，餐饮废油 FAME 的理论环氧值 $EV_{th} = 6.6$。

2.3.4 脂肪酸甲酯的原位环氧化反应机理

FAME 的环氧化改性，是其分子中不饱和 C＝C 双键在原位生成的过氧酸的氧化作用下顺式加成，同时与 O 原子形成两个 σ 键三元环的过程。工业中常用的过氧酸包括过氧甲酸、过氧乙酸、过氧苯甲酸、过氧氟乙酸和间氯过氧苯甲酸等。脂肪酸甲酯的碳链长链可以提高其环氧化活性，相对环化率与脂肪酸甲酯碳链长度的关系见表 2.8 所示。

表 2.8 相对环化率与碳链长度的关系

碳链长度	相对环化率
$CH_2 = CH_2$	1
$CH_3CH = CH_2$	22
$(CH_3)_2C = CH_2$	484
$(CH_3)_2C = CHCH_3$	6 526

FAME 的原位环氧反应又称为一步环氧化反应，即过氧酸的生成与环氧化反应在同一体系中进行，过氧酸生成的同时环氧化也完成。传统两步环氧化法中过氧酸放置时间过长，会导致其中的双氧水和过氧酸分解。原位环氧化法中的过氧酸一经形成，就立即被用于 FAME 的环氧化，可以最大限度地避免其有效成分的分解。FAME 的原位环氧化改性机理如图 2.28 所示。

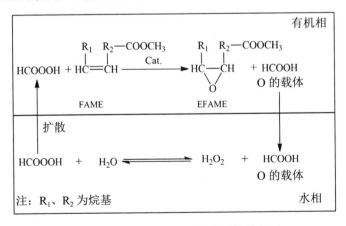

图 2.28 FAME 的原位环氧化改性的机理

HCOOH 为氧载体，与 H_2O_2 发生反应生成 HCOOOH。水相中的 HCOOOH 在扩散作用下，移动到有机相中与 FAME 中的不饱和 C＝C 双键发生环氧化反应生成 EFAME。有机相中生成的 HCOOH，在扩散作用下，又回到水相中继续作为氧载体。

2.3.5　合成路线

原位环氧化改性 FAME 制备 EFAME 的合成路线如图 2.29 所示。

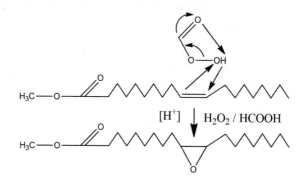

图 2.29　FAME 环氧化改性制备 EFAME

FAME 原位环氧化过程中，随反应条件的改变，可能伴随如下的环氧键开环副反应，如图 2.30 所示。

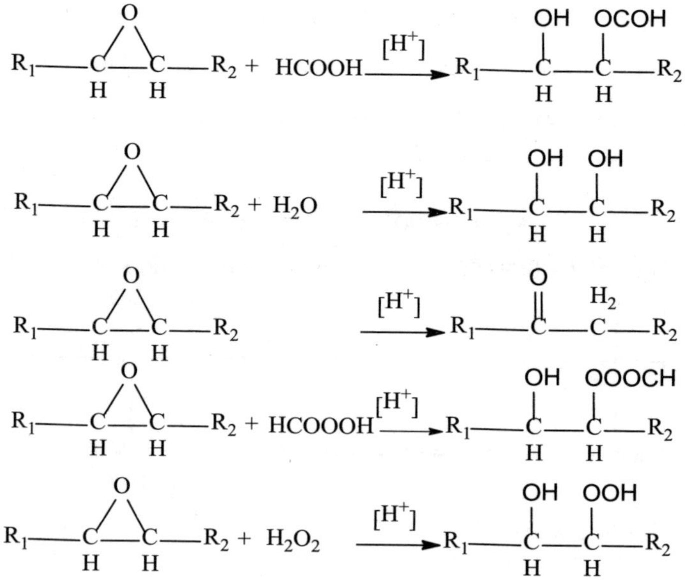

图 2.30　环氧键开环副反应

2.3.6 脂肪酸甲酯原位环氧化的影响因素

FAME 原位环氧化反应各工艺条件的变化范围分别为：搅拌速度 500 ~ 2 500 r/min；双氧水与不饱和 C ＝ C 双键摩尔比，0.8 ~ 2.5 mol/mol；甲酸与不饱和 C ＝ C 双键摩尔比，0.3 ~ 1.0；催化剂质量分数，5% ~ 20%；反应温度，30 ~ 60℃。分别考察各因素对环氧基相对转化率的影响。

2.3.6.1 搅拌速度的影响

在反应条件为 C ＝ C、H_2O_2、HCOOH 摩尔比为 1∶1.1∶0.5，催化剂质量分数为 16%，$\theta = 50$℃下，搅拌速度在 500 ~ 2 500 r/min 变化时对环氧基相对转化率的影响如图 2.31 所示。

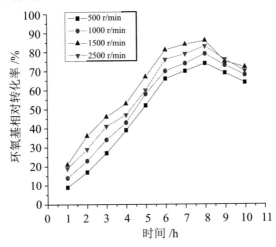

图 2.31 搅拌速度对环氧基相对转化率的影响

从图 2.31 可以看出环氧基相对转化率随着搅拌速度的增大而增大，这是由于在水相－有机相体积比一定的情况下，搅拌速度的提高使得水相－有机相之间的界面面积也增加，导致 H_2O_2 进入有机相中参与 FAME 的环氧化反应，从而提高了环氧基的相对转化率。当搅拌速度超过 1 500 r/min 时，环氧基相对转化率随着搅拌速度的增大而减小，这是由于搅拌速度的提高使得体系的传质较差，导致反应速度减慢。固定搅拌速度为 1 500 r/min，确保传质作用在固－液、液－液界面均能顺利进行，这是由于搅拌可以增大相界面面积，降低分散液滴的尺寸，增大相界面面积，可以有效增大相间的传质作用。

2.3.6.2 双氧水与不饱和双键摩尔比的影响

在反应条件为 C ＝ C 与 HCOOH 的摩尔比为 1∶0.5，催化剂质量分数为

16%，$\theta = 50℃$，搅拌速度 1 500 r/min 下，双氧水与不饱和双键摩尔比从 0.8 ~ 2.5 变化时对环氧基相对转化率的影响如图 2.32 所示。

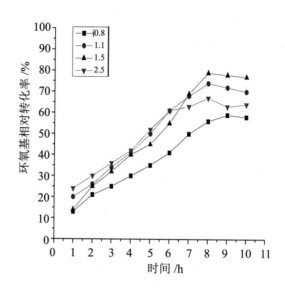

图 2.32　双氧水与不饱和双键摩尔比对环氧基相对转化率的影响

由图 2.32 可以看出，环氧基相对转化率随着双氧水与不饱和 C＝C 双键摩尔比的增大而增大，这是由于双氧水在环氧化反应体系中提供活性氧。双氧水与不饱和 C＝C 双键摩尔比增大，导致过氧酸的生成量也相应增加，使得环氧化反应起主导作用。当双氧水与不饱和 C＝C 双键摩尔比超过 1.5 时，环氧基相对转化率随着双氧水与不饱和 C＝C 双键摩尔比的增大而减小，这是因为双氧水用量增加的同时环氧化反应体系中水相的量也增加，大量水的存在容易导致生成的环氧产物发生开环副反应，使得环氧基相对转化率减小。

2.3.6.3　甲酸与不饱和双键摩尔比的影响

在反应条件为 C＝C、H_2O_2 摩尔比为 1∶1.1，催化剂质量分数为 16%，$\theta =$ 50℃，搅拌速度 1 500 r/min 下，甲酸与不饱和双键摩尔比在 0.3 ~ 1.0 变化时对环氧基相对转化率的影响如图 2.33 所示。

HCOOH 在原位环氧化反应体系中起活性氧载体的作用，它从水相中的 H_2O_2 处获得活性氧生成 HCOOOH。HCOOOH 在扩散作用下移动到有机相中与不饱和 C＝C 双键发生反应生成环氧产物。由图 2.32 可以看出环氧基相对转化率随着甲酸与不饱和 C＝C 双键摩尔比的增大而增大，这是由于甲酸在反应中起转移活性氧的作用，甲酸与不饱和 C＝C 双键摩尔比的增大，有利于更多活性氧的转移，从而有利于不饱和 C＝C 双键的环氧化。当甲酸与不饱和 C＝C 双键摩尔比超过 0.6 时，环氧基相对转化率随着双氧水与不饱和 C＝C 双键摩尔比的增大而减小，这是由于生成的环氧产物在酸性环境下易发生开环副反应，导致环氧基相对转化率减小。

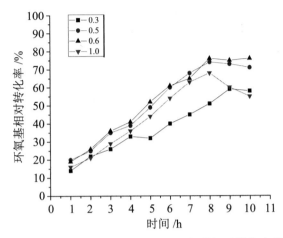

图 2.33　甲酸与不饱和双键摩尔比对环氧基相对转化率的影响

2.3.6.4　催化剂用量的影响

在反应条件为 C＝C、H_2O_2、HCOOH 摩尔比为 $1:1.1:0.5$，$\theta = 50\,℃$，搅拌速度 1 500 r/min 下，催化剂质量分数在 5%～20% 范围内变化时对环氧基相对转化率的影响如图 2.34 所示。

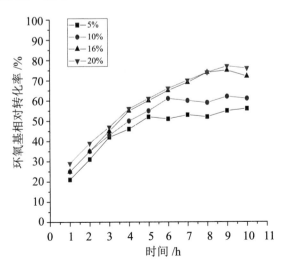

图 2.34　催化剂质量分数对环氧基相对转化率的影响

由图 2.34 可以看出，增加催化剂用量，会提高原位环氧化反应速率。所以，环氧基相对转化率随着催化剂用量的增加而提高。当催化剂用量为脂肪酸甲酯油质量的 5% 时，环氧基相对转化率增加较慢。当催化剂质量分数增加到 10% ~ 16% 时，环氧基相对转化率增加较快，这是由于增加催化剂的用量导致总的活性中心和总的接触表面积也增加。当催化剂质量分数超过 16% 时，环氧基相对转化率先增加后降低，这是由于催化剂过量导致环氧基团的开环副反应引起的。

2.3.6.5　反应温度的影响

在反应条件为 C = C、H_2O_2、HCOOH 的摩尔比为 1∶1.1∶0.5，催化剂质量分数为 16%，搅拌速度 1 500 r/min 下，反应温度从 30 ~ 60℃变化时对环氧基相对转化率的影响如图 2.35 所示。

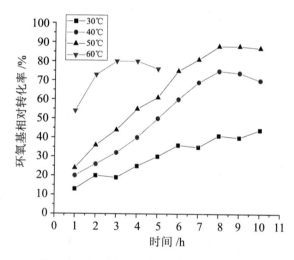

图 2.35　反应温度对环氧基相对转化率的影响

由图 2.35 可以看出，环氧基相对转化率随着反应温度的升高而增大，当反应温度超过 50℃时，环氧基相对转化率随着反应温度的升高而减小。当反应温度在 30 ~ 50℃之间时，环氧化反应速率较慢，环氧基相对转化率提高速度也减缓，延长了环氧化反应完全进行所需的时间。同时，环氧基的开环反应也较慢。当反应温度超过 50℃时，环氧化反应速率加快，环氧基相对转化率增加较快，缩短了环氧化反应完全进行所需的时间，但副反应也加快，容易生成结构复杂的大分子化合物，导致环氧基相对转化率降低。

由图 2.32 至图 2.35 可知，FAME 原位环氧化改性的最佳操作条件为：C = C、H_2O_2、HCOOH 摩尔比为 1∶1.1∶0.5，催化剂质量分数为 16%，搅拌速度 1 500 r/min，反应温度 50℃，反应时间 8 h。在最佳操作条件下，环氧基相对转化率为 89.4%。

2.3.7　脂肪酸甲酯原位环氧化的反应历程

由 FAME 原位环氧化改性的机理可知，其反应历程如下

（1）水相中。

$$HCOOH_{(aq.)} + H^+ \underset{k_{-1}}{\overset{k_1}{\rightleftharpoons}} H_2^+COOH_{(aq.)} \tag{2.9}$$

$$H_2^+COOH + H_2O_2 \underset{k_{-2}}{\overset{k_2}{\rightleftharpoons}} H_2^+OCOOH \tag{2.10}$$

$$H_2^+OCOOH \underset{k_{-3}}{\overset{k_3}{\rightleftharpoons}} HCOOOH_{(aq.)} + H^+ \tag{2.11}$$

水相中的 HCOOOH 在高速搅拌作用下扩散至有机相，在一定条件下平衡：

$$HCOOOH_{(aq.)} \underset{k_{-4}}{\overset{k_4}{\rightleftharpoons}} HCOOOH_{(org.)} \tag{2.12}$$

（2）有机相中。

$$HCOOOH + UFAME \overset{k_5}{\longrightarrow} EFAME + HCOOH_{(aq.)} \tag{2.13}$$

有机相中产生的 HCOOH，在高速搅拌作用下，移动回到水相中，在一定条件下达到平衡：

$$HCOOOH_{(org.)} \underset{k_{-6}}{\overset{k_6}{\rightleftharpoons}} HCOOOH_{(aq.)} \tag{2.14}$$

在该反应体系中，水相中 HCOOH 的浓度，远远高于有机相中 HCOOH 的浓度。所以，该体系可采用稳态近似进行处理，而得到如下关系式：

$$d[H_2^+COOH]/dt = 0 \tag{2.15}$$

$$d[H_2^+OCOOH]/dt = 0 \tag{2.16}$$

$$d[HCOOOH_{(aq.)}]/dt = 0 \tag{2.17}$$

$$d[HCOOOH_{(org.)}]/dt = 0 \tag{2.18}$$

则可得 FAME 的原位环氧化改性的总反应速率方程：

$$r = k_1k_2k_3k_4k_5k_6[HCOOH][H_2O_2][H^+][UFAME]/D = 0 \tag{2.19}$$

式中 D 为

$$\begin{aligned} D = {} & k_{-1}k_{-2}k_{-3}k_{-4}[H_2O][H^+] + k_{-1}k_{-2}k_{-3}k_{-4}k_6[H_2O][H^+] \\ & + k_{-1}k_3k_4k_5k_6[UFAME] + k_{-1}k_{-2}k_4k_5k_6[UFAME][H_2O] \\ & + k_2k_3k_4k_5k_6[UFAME][H_2O_2] + k_{-1}k_{-2}k_{-3}k_5k_6[UFAME][H_2O][H^+] \end{aligned}$$

若 k_2、k_3 相对较小，即式（2.9）为原位环氧化改性的速控步骤，则式（2.19）可简化为

$$r = \frac{k_1 k_2}{k_{-1}}[\text{HCOOH}][\text{H}_2\text{O}_2][\text{H}^+] \tag{2.20}$$

若 k_4、k_4 相对较小，即式（2.12）为原位环氧化改性的速控步骤，则式（2.19）可简化为

$$r = \frac{k_1 k_2 k_3 k_4}{k_{-1} k_{-2} k_{-3}} \frac{[\text{HCOOH}][\text{H}_2\text{O}_2]}{[\text{H}_2\text{O}]} \tag{2.21}$$

若 k_5 相对较小，即式（2.13）为原位环氧化改性的速控步骤，则式（2.19）可简化为

$$r = \frac{k_1 k_2 k_3 k_4 k_5}{k_{-1} k_{-2} k_{-3} k_{-4}} \frac{[\text{HCOOH}][\text{H}_2\text{O}_2][\text{UFAME}]}{[\text{H}_2\text{O}]} \tag{2.22}$$

若 k_6、k_{-6} 相对较小，即式（2.14）为原位环氧化改性的速控步骤，则式（2.19）可简化为

$$r = \frac{k_1 k_2 k_3 k_4 k_5 k_6}{k_{-1} k_{-2} k_{-3} k_{-4}} \frac{[\text{HCOOH}][\text{H}_2\text{O}_2][\text{UFAME}]}{[\text{H}_2\text{O}]} \tag{2.23}$$

2.3.8 脂肪酸甲酯原位环氧化的动力学模型

由 FAME 原位环氧化改性的反应机理可知，在环氧化反应进行之前，EFAME 浓度为 0；EFAME 浓度随着反应时间的增加而增加，而 UFAME 浓度则随着反应时间的增加而减小。若式（2.9）为原位环氧化改性的速控步骤，则原位环氧化改性的反应速率方程可表示为

$$-r_{\text{ep}} = -\frac{\text{d}[\text{EFAME}]}{\text{d}t} = \frac{\text{d}[\text{UFAME}]}{\text{d}t} = k_{\text{ep}}[\text{UFAME}]^{\alpha}[\text{HCOOOH}]^{\beta} \tag{2.24}$$

式中，α、β 分别为 UFAME 和 HCOOOH 的反应级数。

当 $[\text{HCOOOH}]/[\text{UFAME}] \geqslant 2$ 时，可认为反应体系中 $[\text{HCOOOH}] \gg [\text{UFAME}]$，即 $[\text{HCOOOH}]$ 近似不变，则式（2.23）可改写为

$$-r_{\text{ep}} = \frac{\text{d}[\text{UFAME}]}{\text{d}t} = k[\text{UFAME}]^{\alpha} \tag{2.25}$$

式中，$k = k_{\text{ep}}[\text{HCOOOH}]^{\beta}$，可视为常数。

式（2.25）两边取对数可得

$$\ln(-r_{ep}) = \ln k + \alpha \ln[\text{UFAME}] \tag{2.26}$$

2.3.8.1　反应级数 α

在反应温度为 50 ℃，[HCOOOH] = 2.82 mol/L 条件下，测定不同时刻的 [UFAME]。采用数值微分的方法计算不同反应时间的瞬时反应速率，并以 $\ln(-r_{ep})$ 与 $\ln[\text{UFAME}]$ 作图，所得直线的斜率为 1.74，即 UFAME 原位环氧化改性的反应级数 $\alpha = 1.74$，结果如图 2.36 所示。

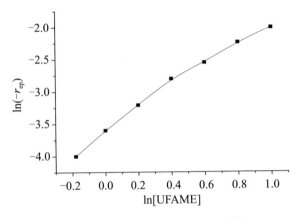

图 2.36　$\ln(-r_{ep})$ 与 $\ln[\text{UFAME}]$ 曲线

2.3.8.2　反应级数 β 和反应速率常数 k_{ep}

对式（2.26）中的 [UFAME] 积分可得

$$\ln\frac{[\text{UFAME}]_0}{[\text{UFAME}]} = kt \tag{2.27}$$

式中，$[\text{UFAME}]_0$ 为反应初始时的 UFAME 浓度。

在反应温度为 50 ℃，[HCOOOH] 分别为 2.82 mol/L、4.63 mol/L 条件下，测定不同时刻的 [UFAME]。利用数值微分方法计算不同反应时间的瞬时反应速率，并以 $\ln([\text{UFAME}]_0 / [\text{UFAME}])$ 对时间 t 作图，所得直线的斜率分别为 $k_1 = 0.242\,9$、$k_2 = 0.402\,9$，如图 2.37 所示。

将 k_1、k_2 代入可得 $k = k_{ep}[\text{HCOOOH}]^{\beta}$

$$\frac{k_1}{k_2} = (\frac{[\text{HCOOOH}]_1}{[\text{HCOOOH}]_2})^{\beta} \tag{2.28}$$

可得 $\beta = 1$，即 HCOOOH 参与原位环氧化改性的反应级数 $\beta = 1$。由 $k_{ep} = k /$ [HCOOOH]，可计算 50 ℃时 FAME 原位环氧化改性反应动力学常数 $k_{ep} =$

0.242 9 (mol / L)$^{-1.74}$ · h^{-1}。

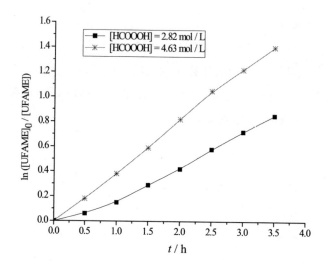

图 2.37 不同 [HCOOOH] 下 ln([UFAME]$_0$/[UFAME]) 与 t 的曲线

2.3.8.3 反应活化能 E_a

在 [HCOOOH]=2.82 mol/L，反应温度分别为 50℃、60℃条件下，测定不同时刻的 [UFAME]。利用数值微分方法计算不同反应时间的瞬时反应速率，并以 ln([UFAME]$_0$ / [UFAME]) 对时间 t 作图，所得直线的斜率分别为 $k_1 = 0.242\ 9$、$k_3 = 0.371\ 4$，结果如图 2.38 所示。

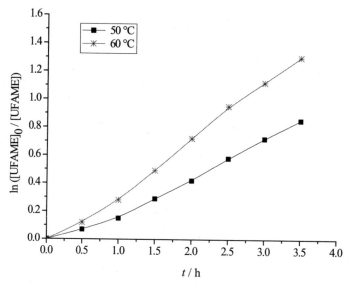

图 2.38 不同反应温度下 ln([UFAME]$_0$ / [UFAME]) 与时间 t 的曲线

根据 Arrhenius 方程

$$\frac{\mathrm{d}\ln k}{\mathrm{d}T} = \frac{E_a}{RT^2}$$ （2.29）

若反应温度变化幅度较小，则反应活化能 E_a 可视作常数，则式（2.29）积分可得

$$\frac{E_a}{R}\left(\frac{1}{T_3} - \frac{1}{T_1}\right) = \ln\frac{k_1}{k_3}$$ （2.30）

则可得到 FAME 原位环氧化改性的反应活化能 $E_a = 38.38$ kJ/mol。

2.3.9　环氧脂肪酸甲酯的结构表征

图 2.39 为 EFAME 的红外光谱图。FTIR 特征峰分析结果：2 923 cm^{-1} 和 2 853 cm^{-1}（CH$_2$ 伸缩振动），1 733 cm^{-1}（CH$_2$ 羰基 C = O 伸缩振动），1 466 cm^{-1}（CH$_2$ 弯曲振动），1 374 cm^{-1}（CH$_3$ 对称弯曲振动），1 249 cm^{-1}，1 179 cm^{-1} 和 1 108 cm^{-1}（酯基—COO—伸缩振动），723 cm^{-1}（CH$_2$ 面外弯曲振动），1 145 cm^{-1}（醚基 C—O—C 对称伸缩振动），896 cm^{-1}（C—C 非对称环伸缩振动）。

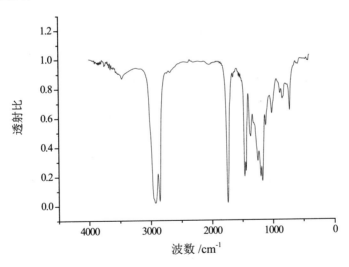

图 2.39　EFAME 的红外光谱图

图 2.40 为 EFAME 的氢核磁共振波谱图。^{1}H NMR 的化学位移 δ 分析结果：2.9×10^{-6}（2H，—CH(O)CH—），2.3×10^{-6}（2H，—CH$_2$CO$_2$CH$_3$），1.6×10^{-6}（2H，—CH$_2$CH$_2$CO$_2$CH$_3$），1.5×10^{-6}（4H，—CH$_2$CH(O)CHCH$_2$—），1.3×10^{-6}（20H，—CH$_2$—），0.9×10^{-6}（3H，—CH$_3$）。

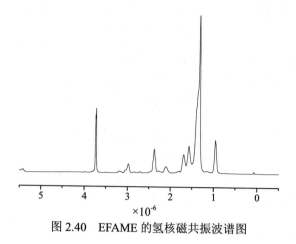

图 2.40 EFAME 的氢核磁共振波谱图

2.4 环氧脂肪酸甲酯羧酸开环改性及其理化和摩擦学性能研究

2.4.1 引言

全球石油资源的持续性减少和人们对环境保护问题的日益关注，引起了研究者对利用可再生能源替代传统矿物基润滑油的兴趣。在众多可再生能源中，餐饮废油被认为是最环保和最经济的作为生产可生物降解润滑剂的原材料来源之一，这是因为餐饮废油的基本成分是动植物油，而动植物油具有许多优良的性能特点，如低挥发性、可生物降解性和优异的润滑性能。

虽然动植物油有许多优良的性能特点，但由于其分子结构的原因，其低温流动性能（尤其是动物油）、热氧化稳定性能和水解稳定性能较差，这些缺点限制了动植物油广泛应用于润滑油工业中。采用合适的化学改性方法对动植物油进行改性，可以有效改善其性能特点，使其满足作为润滑油基础油的使用性能要求。常见的化学改性方法有酯交换、环氧化、环氧键羧酸开环、环氧键酸酐开环和环氧键醇解开环，这些改性方法可以显著改善动植物油的理化和摩擦学性能。

本节采用环氧脂肪酸甲酯羧酸 RCOOH 开环改性的方法，将环氧脂肪酸甲酯转化为几种生态环境友好的双酯衍生物（diester derivatives，DD），作为传统矿物基润滑基础油的替代品，考察了羧酸碳链长度对双酯衍生物的黏度性能、酸值、低温流动性能、热氧化稳定性能、表面张力和极压性能、减摩性能、抗磨性能等理化和摩擦学性能的影响。同时，考察了不同质量浓度的极压抗磨剂 T202 作为双酯衍生物 HDD 添加剂对其极压、减摩、抗磨等摩擦学性能的影响。

2.4.2　环氧脂肪酸甲酯羧酸开环改性制备双酯衍生物

2.4.2.1　试验材料、试剂及仪器

环氧脂肪酸甲酯由前文所述方法制备，其性能指标如表 2.9 所示。

试验试剂：乙酸、丙酸、丁酸、异丁酸、己酸、对甲基苯磺酸、甲苯，均为市售 AR 试剂。

试验仪器：HH-4 数显恒温油浴锅，FA 2004 电子分析天平，循环水多用真空泵，JJ-1 定时电动搅拌器超声波清洗器，ZK-82BB 电热真空干燥箱，R-200 旋转蒸发仪，三口烧瓶（500 mL）、滴液漏斗（250 mL）、冷凝器、分液漏斗、烧杯，Nicolet iS5 型傅立叶变换红外光谱仪，Advance Ⅲ 700M 核磁共振仪，石油产品运动黏度测定仪，MM-W1A 立式万能摩擦磨损试验机，SYD-510Z-1 自动凝点倾点测定仪，CDR-34P 差动热分析仪，JK99D 型表面张力测定仪。

表 2.9　环氧脂肪酸甲酯的性能指标

性能指标	环氧值 / %	含水率 / %	碘值（IV） / (gI$_2$·g^{-1})	酸值（AN） / (mgKOH·g^{-1})	凝固（PP） / ℃
EFAME	5.2	0.05	2.63	0.32	0
法规	GB/T 1677—2008	GB/T 6283—2008	GB/T 5532—2022	GB/T 264—1983	GB/T 3535—2006

2.4.2.2　环氧化合物开环反应机理

环氧化合物分子的 C—O—C 三元环结构使其各原子的轨道不能正面充分重叠，而是以弯曲键相互连接。这种连接关系，使得环氧化合物分子中存在一种张力，极易与多种试剂发生反应，导致 C—O—C 三元环结构易于被打开发生开环反应。按照开环反应所使用的开环试剂的不同，环氧化合物的开环反应可以分为碱性开环和酸性开环。

当使用碱性试剂时，由于碱性试剂的亲核能力强，环氧化合物 C—O—C 三元环上没有带正电荷或负电荷，发生 S$_N$2 反应，C—O 键的断裂与亲核试剂和环 C 原子之间键的断裂几乎同时进行。这时碱性试剂选择进攻取代基较少的环 C 原子，因为这个位置空间阻碍较小，空间效应起主导作用。图 2.41 为环氧化合物的碱性开环反应机理。

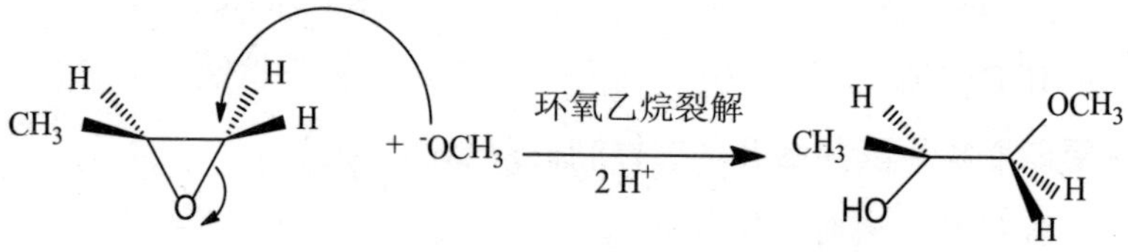

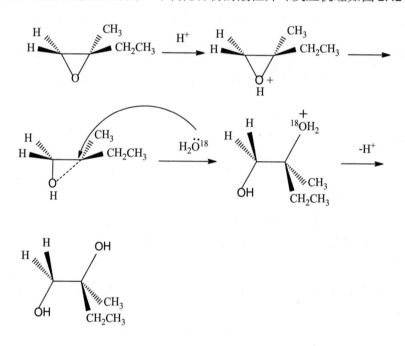

图 2.41　环氧化合物的碱性开环反应机理

当所用试剂的亲核性较弱时，需要用酸性催化剂辅助开环。酸性催化剂的作用是使 O 原子质子化，O 上带正电荷，需要向相邻 C 原子吸引电子，削弱 C—O 键，并使 C 原子带部分正电荷，增加与亲核试剂的结合能力，亲核试剂就向 C—O 键的背面进攻，发生 S_N2 反应。在酸性环境下，环 C 原子由于取代基（多为烷基）的给电子效应，使得正电荷分散且稳定。反应中，C—O 键的断裂超过亲核试剂与环 C 原子之间键的形成，发生 S_N2 反应，但具有 S_N1 的性质，电子效应控制了产物，空间因素不起主导作用。环氧化合物的酸性开环反应机理如图 2.42 所示。

图 2.42　环氧化合物的酸性开环反应机理

2.4.2.3　试验方法

采用对甲基苯磺酸（para toluene sulphonic acid，PTSA）催化羧酸与 EFAME 发生开环反应制备双酯衍生物。将由 60 mL EFAME、质量分数 5% 的 PTSA、100 mL 甲苯组成的混合物加入三口烧瓶中，升温至 80℃搅拌反应，并在 1 h 内将 40 mL 乙酸滴加到混合物中，使反应温度保持在 70～80℃，滴加完毕后，升温至 100～110℃回流反应 4 h。反应结束后，混合物冷却至室温，分别用 100 mL 质量分数 5% 的 NaHCO₃ 溶液和饱和 NaCl 溶液洗涤三次。分液漏斗分离有机层和水层后，用无水硫酸钠干燥，有机层中的溶剂采用真空蒸发器除去，所得产物即为双酯衍生物 ADD。其他双酯衍生物（PDD、BDD、i-BDD、HDD）的制备方法与 ADD 的类似。

2.4.2.4 合成路线

环氧脂肪酸甲酯羧酸开环改性制备双酯衍生物的反应流程如图 2.43 所示。

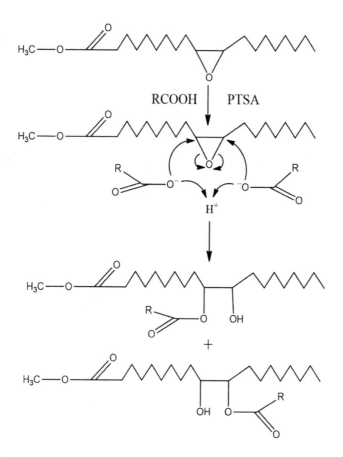

图 2.43 环氧脂肪酸甲酯羧酸开环改性制备双酯衍生物的反应流程

2.4.2.5 产物的结构表征

ADD 的 FTIR 特征峰分析结果：3 500 cm⁻¹（OH 伸缩振动），2 925 cm⁻¹ 和 2 855 cm⁻¹（CH₂ 伸缩振动），1 735 cm⁻¹（羰基 C＝O 伸缩振动），1 463 cm⁻¹（CH₂

弯曲振动），1371 cm^{-1}（CH$_3$ 对称弯曲振动），1 246 cm^{-1}，1 174 cm^{-1} 和 1 104 cm^{-1}（酯基中 C—O 伸缩振动），723 cm^{-1}（CH$_2$ 面外弯曲振动），如图 2.44 所示。其他双酯衍生物的 FTIR 特征峰与 ADD 类似。

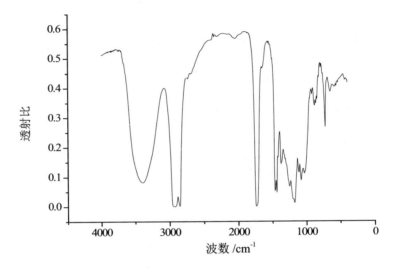

图 2.44 ADD 的红外光谱图

ADD 的 ^{1}H NMR 化学位移 δ 分析结果：4.8×10^{-6}[1H，—CH(O$_2$CR)—]，3.6×10^{-6}（1H，OH），2.4×10^{-6}（2H，—CHO$_2$CCH$_2$—），2.3×10^{-6}（2H，—CH$_2$CO$_2$CH$_3$），1.6×10^{-6}（2H，—CH$_2$CH$_2$CO$_2$CH$_3$），1.5×10^{-6}[2H，—CH$_2$CH(OH)—]，1.4×10^{-6}[2H，—CH$_2$CH(CO$_2$R)—]，1.3×10^{-6}（20H，—CH$_2$—），0.9×10^{-6}（3H，—CH$_3$），如图 2.45 所示。其他双酯衍生物的 ^{1}H NMR 分析结果与 ADD 类似。

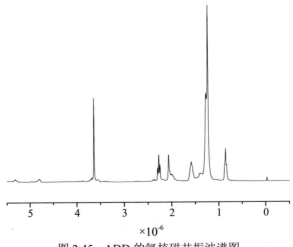

×10^{-6}

图 2.45 ADD 的氢核磁共振波谱图

2.4.3　双酯衍生物的理化性能

双酯衍生物 40℃和 100℃运动黏度、黏度指数按照国家标准《石油产品运动粘度测定法和动力粘度计算法》（GB/T 265—1988）计算，酸值按照国家标准《动植物油脂　酸值和酸度测定》（GB/T 5530—2005），倾点按照国家标准《石油产品倾点测定法》（GB/T 3535—2006）测定。双酯衍生物的热氧化稳定性能采用压力差示扫描量热法（pressure differential scanning calorimetry，PDSC）和薄膜微氧化法（thin film micro oxidation，TFMO）测定，表面张力采用最大气泡压力法测定。

2.4.3.1　黏度指数及酸值

由表 2.10 可知，所有双酯衍生物（ADD、PDD、BDD、i-BDD 和 HDD）的 40℃和 100℃运动黏度均高于 FAME 和 EFAME，这表明对 FAME 中的不饱和双键采用环氧化和环氧键酸开环反应进行化学改性可以显著改变其黏度指数。双酯衍生物的 40℃运动黏度在 20.4～24.6 mm²/s 之间变化，黏度指数在 70～90 之间变化。运动黏度和黏度指数均随着环氧键开环反应中羧酸碳链长度的增加而增加，这是由于环氧键酸开环反应不但增加了 FAME 的相对分子质量，还在 FAME 的不饱和 C ＝ C 双键处引入了侧链，导致其分子结构发生改变。

从表 2.10 可知，FAME、EFAME 和所有双酯衍生物的酸值（acid value，AV）均小于 WCO 的酸值（114.16 mgKOH/g），这表明通过化学改性方法可以有效降低 WCO 中游离脂肪酸的含量，同时，双酯衍生物的酸值随着环氧键开环反应中羧酸碳链长度的增加而减小。

2.4.3.2　低温流动性能

由表 2.10 可知，FAME 的倾点为 -1℃，EFAME 的倾点为 0℃，双酯衍生物的倾点则在 -21～-10℃之间变化，其中 HDD 的倾点低于 ADD。双酯衍生物的倾点随着环氧键开环反应中羧酸碳链长度的增加而减小，这是由于碳链长度越长，越容易破坏分子的对称性，从而抑制分子在低温下发生堆积作用形成结晶。

2.4.3.3　热氧化稳定性能

采用 PDSC 法测定 FAME、EFAME 和双酯衍生物的起始氧化温度（onset temperature of oxidation，OT）和最快氧化温度（signal maximum temperature of oxidation，SM）。OT 是指样品热氧化过程中在 PDSC 曲线上出现明显放热峰时的温度，SM 是指样品热氧化过程中在 PDSC 曲线上出现最大放热峰时的温度。

OT 和 SM 越高，表明样品的热氧化稳定性能越好。PDSC 法的测试条件为采取程序升温法，初始温度为 40℃，升温速率为 10℃ /min，最高温度为 350℃。

FAME、EFAME 和双酯衍生物的 OT 和 SM 试验结果如表 2.10 所示。所有双酯衍生物的 OT 和 SM 均高于 FAME 和 EFAME，表明双酯衍生物具有更好的热氧化稳定性能。对于双酯衍生物来说，随着环氧键开环反应中羧酸碳链长度的增加，其热氧化稳定性能降低，这是由于具有较长侧链的分子结构比较短侧链的分子结构更易受攻击，导致样品发生热分解。

表 2.10　羧酸碳链长度对双酯衍生物理化性能的影响

样品	动力黏度 (KV) / (mm²·s⁻¹)		黏度指数 (VI)	凝固点 (PP) / ℃	OT / ℃	SM / ℃	酸值 (AN) / (mgKOH·g⁻¹)
	40℃	100℃					
FAME	5.0	1.9	–	−1	172	193	0.31
EFAME	8.8	2.6	135	0	174	195	0.32
ADD	20.4	3.9	70	−10	177	197	4.10
PDD	21.1	4.0	73	−15	175	194	3.73
BDD	22.9	4.3	88	−17	168	189	1.37
i-BDD	23.7	4.2	62	−19	166	187	1.27
HDD	24.6	4.5	90	−21	160	183	1.10

采用 TFMO 法测定了 EFAME 和双酯衍生物的挥发损失（volatile loss）和不可溶沉积物（insoluble deposit）。挥发损失和不可溶沉积物是用于描述润滑油基础油的使用寿命的重要指标。羧酸碳链长度对双酯衍生物挥发损失的影响如图 2.46 所示。

由图 2.46 可知，EFMAE 和双酯衍生物在热氧化过程中的挥发损失随着温度的升高而增大。同时，双酯衍生物在热氧化过程中的挥发损失随着羧酸碳链长度增加而减小，这是由于环氧键处引入较长的侧链会提高其发生热氧化分解的可能性。

羧酸碳链长度对双酯衍生物在热氧化过程中的不可溶沉积物的影响如图 2.47 所示。由图 2.47 可知，EFAME 和双酯衍生物在 200℃ 以内的热氧化过程中的不可溶沉积物的量很少，但热氧化过程的温度超过 200℃ 后，不可溶沉积物的量急剧增加。这是因为双酯衍生物在温度超过 200℃ 后，生成了含活性氧的自由基，使得氧化聚合反应极易发生。双酯衍生物在热氧化过程中不可溶沉积物的量随着羧酸碳链长度的增加而增加，这是由于侧链越长的分子结构越容易发生氧化聚合反应。

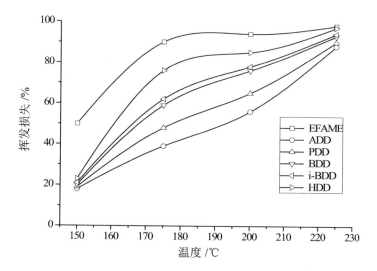

图 2.46　羧酸碳链长度对双酯衍生物和 EFAME 挥发损失的影响

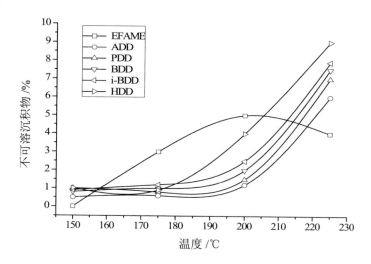

图 2.47　羧酸碳链长度对双酯衍生物和 EFAME 不可溶沉淀物的影响

2.4.3.4　表面张力

润滑油的表面张力影响油膜的成膜能力，对其流动和雾化等理化性能有显著影响。羧酸碳链长度对 EFAME 和双酯衍生物的表面张力的影响如图 2.48 所示。

由图 2.48 可知，EFAME 和双酯衍生物的表面张力均随着温度升高而减小，双酯衍生物的表面张力大于 EFAME，这表明在 EFAME 的环氧键处引入侧链可以提高其表面张力。双酯衍生物的表面张力随着羧酸碳链长度的增加而减小，这可能是由于较大的侧链破坏了分子结构的堆积程度。

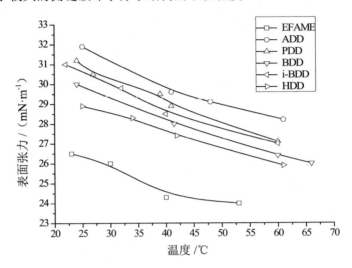

图 2.48　羧酸碳链长度对双酯衍生物和 EFAME 表面张力的影响

2.4.4　双酯衍生物的摩擦学性能

采用 MM-W1A 立式万能摩擦磨损试验机（济南益华摩擦学测试技术有限公司），分别按照《润滑剂承载能力的测定　四球法》（GB/T 3142—2019）试验方法考察试油的极压性能、《润滑油摩擦系数测定法　四球法》（SH/T 0762—2005）试验方法考察试油的减摩性能和《润滑油抗磨损性能的测定　四球法》（NB/SH/T 0189—2017）试验方法考察试油的抗磨性能。分别以最大无卡咬负荷 P_B（maximum nonseizure load）、摩擦系数（friction coefficient）和磨斑直径（wear scar diameters，WSD）分别作为评定极压性能、减摩性能和抗磨性能的指标。

摩擦磨损试验机中使用四个直径为 12.7 mm 的钢球，上试球用弹簧卡头或用螺母固定在转轴上，三个下试球固定在装有试油的油杯中，为试油所覆盖。一个上试球与三个下试球形成点接触。在进行试验时，压力使四个钢球紧凑呈锥体形状。四球试验机工作原理如图 2.49 所示。

试验所用钢球为 GCr 15 轴承钢（元素组分质量分数，C 0.95% ~ 1.05%，Si 0.15% ~ 0.35%，Mn 0.25% ~ 0.45%，P < 0.025%，S < 0.025%，Cr 1.40% ~ 1.65%，Ni < 0.30%，Cu < 0.025%），直径为 12.7 mm，硬度为 59 ~ 61 HRC，表面粗糙度为 0.020 6 μm，满足《滚动轴承　球　第 1 部分：钢球》（GB/T 308.1—2013）。钢球使用前后，均在石油醚中用超声波清洗 30 min。

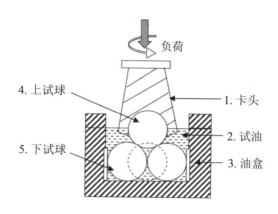

图 2.49　MQ-800 四球试验机工作示意图

2.4.4.1　极压性能

最大无卡咬负荷 P_B（maximum nonseizure load）代表润滑剂在边界润滑条件下的承载能力，其值的大小表示润滑剂在边界润滑条件下所形成油膜强度的高低。矿物基润滑油基础油 250BS 和双酯衍生物的 P_B 值测定条件：转速为 1 450 r/min，油温为室温，时间为 10 s，负荷为根据试油性能确定，试验测得的 P_B 值如图 2.50 所示。

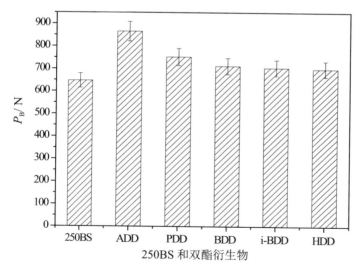

图 2.50　羧酸碳链长度对双酯衍生物和 250BS 润滑下钢球 P_B 值的影响

由图 2.50 可知，所有的双酯衍生物的极压性能均优于矿物基润滑油基础油 250BS，双酯衍生物中 ADD 的 P_B 值达到 865 N，远高于 250BS（P_B 值为 650 N）。对于双酯衍生物来说，P_B 值的大小随着羧酸碳链长度的增加而减小，这可能是由于双酯衍生物侧链越长导致其分子中氧含量相对降低，从而导致分子在金属表面的吸附力减小。

2.4.4.2 减摩性能

摩擦系数（friction coefficient）是用于评定润滑剂减摩性能的主要指标之一。在四球机试验中，摩擦系数的大小取决于试油的性能、钢球的性能和载荷。四球试验机中的钢球摩擦副是点接触方式，摩擦系数随着钢球的不断磨损而发生变化。钢球的磨斑直径较小，摩擦副的形式为点摩擦，则摩擦系数可按下列公式计算得到。

$$\mu = \frac{F}{P} = \frac{M/L}{P} \tag{2.31}$$

式中，μ 为摩擦系数；F 为正压力，N；P 为载荷，N；M 为摩擦扭矩，N·cm；L 为摩擦力臂，cm。

对于 MM-W1A 立式万能摩擦磨损试验机，$L = 0.336$，所以式（2.31）可简化为

$$\mu = 2.73 \times \frac{M}{P} \tag{2.32}$$

矿物基润滑油基础油 250BS 和双酯衍生物摩擦系数的测定条件：转速为 1 200 r/min，油温为室温，时间为 30 min，负荷为 98 ~ 294 N，试验结果测得的摩擦系数如图 2.51 所示。

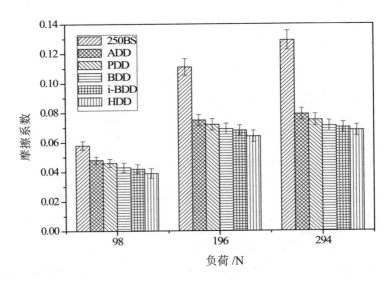

图 2.51　羧酸碳链长度对双酯衍生物和 250BS 润滑下钢球摩擦系数的影响

　　由图 2.51 可知，钢–钢摩擦副条件下，所有双酯衍生物无论在高负荷还是低负荷下，均比矿物基础油 250BS 表现出更优异的减摩性能。对于双酯衍生物来说，摩擦系数的大小随着羧酸碳链长度的增加而减小，这是由于羧酸碳链长度增加，使得双酯衍生物中的酯基官能团极性增强，导致双酯衍生物在钢–钢摩擦副形成的油膜强度增强，进而提高了其减摩性能。

2.4.4.3　抗磨性能

　　磨斑直径（wear scar diameters，WSD）是用于评定润滑剂抗磨性能的主要指标之一。采用光学显微镜测定四球机试验中下三个钢球的直径，取平均值作为磨斑直径。矿物基润滑油基础油 250BS 和双酯衍生物摩擦系数的测定条件：转速为 1 200 r/min，油温为室温，时间为 30 min，负荷为 294 N，试验测得的摩擦系数如图 2.52 所示。

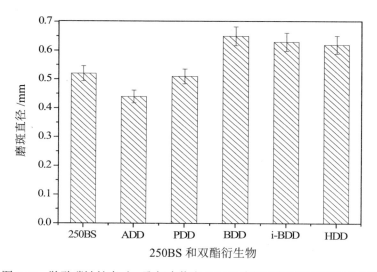

图 2.52　羧酸碳链长度对双酯衍生物和 250BS 润滑下钢球磨斑直径的影响

　　由图 2.52 可知，在给定的试验条件下，所有双酯衍生物的磨斑直径都小于矿物基础油 250BS 的，表明前者的抗磨性能优于后者。对于双酯衍生物来说，随着羧酸碳链长度的增加，双酯衍生物的磨斑直径明显减小，这可能是由于羧酸碳链长度增加后，导致双酯衍生物的相对分子质量增加，进而导致其黏度提高。

2.4.4.4　钢球磨斑表面形貌分析

　　图 2.53 为矿物基础油 250BS 和双酯衍生物润滑下钢球磨斑表面的形貌，放大倍数为 ×100。四球试验机的测定条件：转速为 1 200 r/min，油温为室温，时间为 30 min，载荷为 294 N。

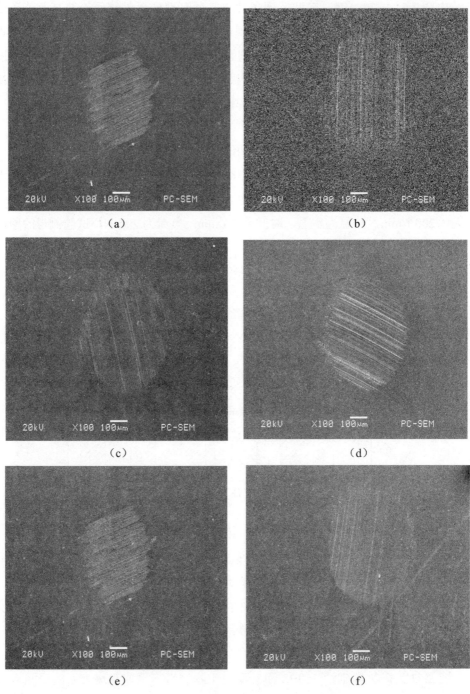

图 2.53　羧酸碳链长度对双酯衍生物和 250BS 润滑下钢球磨斑表面形貌的影响

（a）ADD；（b）PDD；（c）BDD；（d）i-BDD；（e）HDD；（f）250BS

由图 2.53 可知，双酯衍生物和 250BS 润滑下的钢球表面表现出明显的磨损痕迹，磨斑直径按照 ADD、PDD、250BS、HDD、i-BDD、BDD 的顺序逐渐变大。BDD 润滑下，磨斑表面的划痕比其他双酯衍生物和矿物基础油 250BS 润滑下磨斑表面的划痕明显。PDD 润滑下的钢球磨斑表面与 250BS 润滑下的钢球磨斑表面形貌相似，都有部分金属薄片脱落，这也可以从图 2.52 看出，二者的磨斑直径很接近。对于双酯衍生物来说，随着羧酸碳链长度的增加，钢球磨斑表面形貌变得越来越深、粗糙。虽然，羧酸碳链长度的增加会使得双酯衍生物的黏度随之增加，但由于双酯衍生物分子中的极性基团没有增加，所以双酯衍生物的边界润滑能力并没有随着羧酸碳链长度的增加而提高。

2.5 本章结论及展望

2.5.1 完成的主要工作及主要结论

2.5.1.1 餐饮废油酯交换改性制备脂肪酸甲酯

采用固体碱 NaOH 催化高酸值餐饮废油酯交换改性制备 FAME，在单因素试验考察催化剂质量分数、醇油摩尔比、反应温度和反应时间对高酸值餐饮废油酯交换改性制备 FAME 产率影响的基础上，采用响应曲面法中的 Box-Behnken Design 模型设计了 4 因素 3 水平的响应曲面实验。建立以 FAME 产率为响应函数，催化剂质量分数、醇油摩尔比、反应温度和反应时间为自变量的数学模型，对高酸值餐饮废油酯交换改性制备 FAME 的反应条件进行优化，并确定其最佳操作条件。

（1）催化剂质量分数、醇油摩尔比、反应温度和反应时间对高酸值餐饮废油酯交换改性制备 FAME 的产率均有显著影响，且各影响因素的显著性排序为：反应时间 > 醇油摩尔比 > 反应温度 > 催化剂质量分数。其中，反应时间和反应温度间的交互作用，对高酸值餐饮废油酯交换改性制备 FAME 产率的影响最大。

（2）得到了高酸值餐饮废油酯交换改性制备 FAME 产率的二次线性回归方程，响应面分析得到的最佳操作条件：催化剂质量分数为 1.31%，醇油摩尔比为 8.34 : 1，反应温度为 75.4℃，反应时间为 129.10 min。在此条件下，FAME 的产率为 98.22%，与响应面模型预测值（98.35%）非常吻合。

2.5.1.2 脂肪酸甲酯环氧化改性制备环氧脂肪酸甲酯

采用 CD-450 离子交换树脂催化脂肪酸甲酯环氧化改性制备 EFAME，考察了搅拌速度、双氧水与不饱和双键摩尔比、甲酸与不饱双键摩尔比、催化剂质量分数和反应时间对环氧基相对转化率的影响。建立了脂肪酸甲酯原位环氧化改性的理论模型，得到了原位环氧化改性的反应历程。建立了脂肪酸甲酯原位环氧化改性的试验动力学模型，得到了原位环氧化改性的反应级数和反应速率常数。

（1）搅拌速度、双氧水与不饱和双键摩尔比、甲酸与不饱和双键摩尔比、催化剂质量分数和反应时间对环氧基相对转化率均有显著影响，在不饱和双键、双氧水、甲酸的摩尔比为 1∶1.1∶0.5、催化剂质量分数为 16%、搅拌速度为 1 500 r/min、反应温度为 50℃、反应时间为 8 h 条件下，脂肪酸甲酯的原位环氧化效果最佳。最佳操作条件下，环氧基相对转化率为 89.4%。

（2）脂肪酸甲酯原位环氧化改性的反应历程：以甲酸为氧载体，与双氧水作用生成过氧甲酸。水相中的过氧甲酸经扩散转移到有机相中，与不饱和双键反应生成环氧脂肪酸甲酯。有机相中生成的甲酸又经扩散回到水相中。在一定的反应条件下，脂肪酸甲酯的原位环氧化改性的反应动力学模型，等同于过氧甲酸生成的反应动力学模型。

（3）脂肪酸甲酯的原位环氧化改性的实验动力学模型中，不饱和双键和过氧甲酸的反应级数分别为 1.74 级和 1 级，反应活化能为 38.38 kJ/mol。

2.5.1.3 环氧脂肪酸甲酯羧酸开环改性制备双酯衍生物

采用羧酸与环氧脂肪酸甲酯开环改性制备一系列双酯衍生物，通过核磁共振氢谱和红外光谱对其进行了结构表征。考察了羧酸碳链长度对双酯衍生物的黏度性能、酸值、低温流动性能、热氧化稳定性能、表面张力和极压性能、减摩性能、抗磨性能等理化和摩擦学性能的影响。考察了不同浓度极压抗磨剂 T202 作为双酯衍生物 HDD 添加剂对其极压、减摩、抗磨等摩擦学性能的影响。

（1）采用羧酸与环氧脂肪酸甲酯开环改性制备一系列双酯衍生物，通过核磁共振氢谱和红外光谱对其进行了结构表征。

（2）考察了羧酸碳链长度对双酯衍生物的黏度性能、酸值、低温流动性能、热氧化稳定性能、表面张力等理化性能的影响。结果表明，双酯衍生物在 40℃时运动黏度在 20.4 ~ 24.6 mm²/s 之间变化，黏度指数在 70 ~ 90 之间变化。动力黏度和黏度指数均随着环氧键开环反应中酸的碳链长度的增加而增加。双酯衍生物的酸值随着环氧键开环反应中酸的碳链长度的增加而减小，倾点随着环氧键开环反应中酸的碳链长度的增加而降低，其热氧化稳定性能降低，表面张力随着羧酸碳链长度的增加而减小。

（3）考察了羧酸碳链长度对双酯衍生物的极压性能、减摩性能、抗磨性能等摩擦学性能的影响。结果表明，双酯衍生物的最大无卡咬负荷随着羧酸碳链长度的增加而减小，摩擦系数和磨斑直径都随着羧酸碳链长度的增加而减小。

（4）考察了不同浓度极压抗磨剂 T202 作为双酯衍生物 HDD 添加剂对其极压性能、减摩性能、抗磨性能等摩擦学性能的影响。结果表明，HDD 对 T202 具有良好的感受性，且其摩擦学性能得到显著改善。

2.5.2　后续研究工作的展望

结合本章的不足之处及研究过程中发现的问题，后续研究工作可围绕以下几点展开：

（1）进一步研究具有复杂支链的 RCOOH 和 $(RCO)_2O$ 与环氧脂肪酸甲酯开环反应，并考察不同支链结构对开环产物理化和摩擦学性能的影响；

（2）进一步考察双酯和三酯衍生物对降凝剂、金属清净剂、无灰分散剂和抗氧剂等主要功能剂的感受性及添加剂之间的配伍性；

（3）进一步研究 ROH、$RCONH_2$、H_2S、R_2NH 和 HCN 等亲核试剂与环氧脂肪酸甲酯的开环反应，并考察开环产物的理化和摩擦学性能。

参考文献

[1] 温诗铸，黄平 . 摩擦学原理 [M]. 北京：清华大学出版社，2002.

[2] 钱祥麟，陈耕 . 润滑剂与添加剂 [M]. 北京：高等教育出版社，1993.

[3] 刘维民，许俊，冯大鹏，等 . 合成润滑油的研究现状及发展趋势 [J]. 摩擦学学报，2013，33(1): 91-104.

[4] Leslie R R, Ronald L S. Synthetic lubricants and high–performance functional fluids [M]. Translated by Li P Q, Guan Z J, Geng Y J. Beijing: China Petroleum Industrial Press, 2006.

[5] 王波 . 废弃食用油脂的危害和资源化利用 [J]. 资源节约与环保，2014(4): 157-158.

[6] Singhabhandhu A, Tezuka T. Prospective framework for collection and exploitation of waste cooking oil as feedstock for energy conversion [J]. Enery, 2010, 35(4): 1839-1847.

[7] 曾在春，黄福川，张亚辉，等 . 绿色润滑油发展浅析 [J]. 合成润滑材料，

2008，35(4): 17-20.

[8] 唐俊杰 . 合成润滑油基础知识讲座之一 [J]. 润滑油，1999，14(5): 59-64.

[9] 王先会 . 合成烃润滑油 [M]. 北京：中国石化出版社，2005.

[10] Wu M M. Process for manufacturing olefinic oligomers having lubricating properties: U.S. Patent 4,827,073 [P]. 1989 - 5 - 2.

[11] 吕春胜，李晶，屈政坤 . 苯烷基化合成高温润滑油基础油 [J]. 石油学报（石油加工），2011，27(4): 549-553.

[12] Metro S J, Carr D D. Synthetic ester lubricating oil composition containing particular t-butylphenyl substituted phosphates and stabilized hydrolytically with particular long chain alkyl amines: U.S. Patent 4,440,657 [P]. 1984 - 4 - 3.

[13] Kodali D R. High performance ester lubricants from natural oils [J]. Industrial Lubrication and Tribology, 2002, 54(4): 165-170.

[14] Jones W R. Properties of perfluoropolyethers for space applications[J]. Tribology transactions, 1995, 38(3): 557-564.

[15] 翁立军，王海忠，冯大鹏，等 . 一种氯苯基硅油的合成及其摩擦磨损性能研究 [J]. 摩擦学学报，2005，25(3): 254-257.

[16] Mortier R M, Orszulik S T. Chemistry and technology of lubricants[M]. New York: Springer, 1992.

[17] Erhan S Z, Adhvaryu A, Liu Z. Chemically modified vegetable oil-based industrial fluid: U.S. Patent 6,583,302 [P]. 2003 - 6 - 24.

[18] Moser B R, Erhan S Z. Preparation and evaluation of a series of α - hydroxy ethers from 9, 10 - epoxystearates [J]. European Journal of Lipid Science and Technology, 2007, 109(3): 206-213.

[19] 刘磊，吕伟，孙洪伟 . 植物油改性作润滑油的研究进展 [J]. 化工进展，2008，27(2): 184-186.

[20] 李瑞君，陈砺，严宗诚，等 . 植物油化学改性做润滑油研究进展 [J]. 农业机械，2011(12): 77-80.

[21] Balakos M W, Hernandez E E. Catalyst characteristics and performance in edible oil hydrogenation [J]. Catalysis Today, 1997, 35(4): 415-425.

[22] Behr A, Schmidke H. Selective curing of unsaturated compounds with solvent stabilized palladium colloid catalysts [J]. Preparative Organic Chemistry, 1993,

24(32): 357-365.

[23] Zoebelein H. Renewable resources for the chemical industry [J]. Inform, 1992, 3: 721-725.

[24] Wu X, Zhang X, Yang S, et al. The study of epoxidized rapeseed oil used as a potential biodegradable lubricant [J]. Journal of the American Oil Chemists' Society, 2000, 77(5): 561-563.

[25] Fayter R. Technical reactions for production of oleochemical monomers[M]. New York: John Wiley & Sons, 1996.

[26] Schuster H, Rios L A, Weckes P P, et al. Heterogeneous catalysts for the production of new lubricants with unique properties [J]. Applied Catalysis A: General, 2008, 348(2): 266-270.

[27] Biermann U, Friedt W, Lang S, et al. New syntheses with oils and fats as renewable raw materials for the chemical industry [J]. Angewandte Chemie International Edition, 2000, 39(13): 2206-2224.

[28] Biermann U, Bornscheuer U, Meier M A R, et al. Oils and fats as renewable raw materials in chemistry [J]. Angewandte Chemie International Edition, 2011, 50(17): 3854-3871.

[29] Butte W. Rapid method for the determination of fatty acid profiles from fats and oils using trimethylsulphonium hydroxide for transesterification [J]. Journal of Chromatography A, 1983, 261: 142-145.

[30] Aryee A N A, Simpson B K, Cue R I, et al. Enzymatic transesterification of fats and oils from animal discards to fatty acid ethyl esters for potential fuel use [J]. Biomass and Bioenergy, 2011, 35(10): 4149-4157.

[31] Wang Y, Ou S, Liu P, et al. Preparation of biodiesel from waste cooking oil via two-step catalyzed process [J]. Energy conversion and management, 2007, 48(1): 184-188.

[32] Demirbas A. Biodiesel from waste cooking oil via base-catalytic and supercritical methanol transesterification [J]. Energy Conversion and Management, 2009, 50(4): 923-927.

[33] 张威, 孙根行. 利用泔水油合成菜油脂肪酰胺丙基·二甲基胺 [J]. 地球科学与环境学报, 2004, 26(3): 92-94.

[34] 姚志龙, 闵恩泽. 废弃食用油脂的危害与资源化利用 [J]. 天然气工业, 2010, 30(5): 123-128.

[35] Kulkarni M G, Dalai A K. Waste cooking oil an economical source for biodiesel: a review [J]. Industrial & engineering chemistry research, 2006, 45(9): 2901-2913.

[36] 付婉霞, 孙丽娟, 刘英杰. 利用食物垃圾生产微生物蛋白饲料的发展前景 [J]. 环境卫生工程, 2006, 4(3):21-27.

[37] Talebian-Kiakalaieh A, Amin N A S, Mazaheri H. A review on novel processes of biodiesel production from waste cooking oil [J]. Applied Energy, 2013, 104: 683-710.

[38] Meng X, Chen G, Wang Y. Biodiesel production from waste cooking oil via alkali catalyst and its engine test [J]. Fuel Processing Technology, 2008, 89(9): 851-857.

[39] Tomasevic A V, Siler-Marinkovic S S. Methanolysis of used frying oil [J]. Fuel Processing Technology, 2003, 81(1): 1-6.

[40] Felizardo P, Correia M J N, Raposo I, et al. Production of biodiesel from waste frying oils [J]. Waste management, 2006, 26(5): 487-494.

[41] Nye M J, Williamson T W, Deshpande W, et al. Conversion of used frying oil to diesel fuel by transesterification: preliminary tests [J]. Journal of the American Oil Chemists' Society, 1983, 60(8): 1598-1601.

[42] Al-Widyan M I, Al-Shyoukh A O. Experimental evaluation of the transesterification of waste palm oil into biodiesel [J]. Bioresource technology, 2002, 85(3): 253-256.

[43] Miao X, Li R, Yao H. Effective acid-catalyzed transesterification for biodiesel production [J]. Energy Conversion and Management, 2009, 50(10): 2680-2684.

[44] Hsu A F, Jones K, Marmer W N, et al. Production of alkyl esters from tallow and grease using lipase immobilized in a phyllosilicate sol-gel [J]. Journal of the American Oil Chemists' Society, 2001, 78(6): 585-588.

[45] Chen Y, Xiao B, Chang J, et al. Synthesis of biodiesel from waste cooking oil using immobilized lipase in fixed bed reactor [J]. Energy conversion and management, 2009, 50(3): 668-673.

[46] Mittelbach M. Lipase catalyzed alcoholysis of sunflower oil [J]. Journal of the American Oil Chemists' Society, 1990, 67(3): 168-170.

[47] Anand O N, Chhibber V K. Vegetable oil derivative: Environment-friendly

lubricants and fuels [J]. Journal of Synthetic Lubrication, 2006, 23: 91-107.

[48] Canakci M. The potential of restaurant waste lipids as biodiesel feedstocks [J]. Bioresource Technology, 2007, 98:183-190.

[49] Lozada Z, Suppes G J, Tu Y C, et al. Soy‐based polyols from oxirane ring opening by alcoholysis reaction [J]. Journal of applied polymer science, 2009, 113(4): 2552-2560.

[50] Marchetti J M, Miguel V U, Errazu A F. Possible methods for biodiesel production[J]. Renewable & sustainable energy reviews, 2007, 11: 1300-1311.

[51] Wan W N, Nor Aishah S. Optimization of heterogeneous biodiesel production from waste cooking palm oil via response surface methodology [J]. Biomass & Bioenergy, 2011, 35: 1329-1338.

[52] Kleinová, Andrea Cvengrošová, Zuzana Cvengroš, Ján. Standard methyl esters from used frying oils [J]. Fuel, 2013, 109: 588-596.

[53] 陈立功，周星，杨鑫. 均相碱催化高动物油含量餐饮废油制备生物柴油 [J]. 石油炼制与化工，2010，41: 52-55.

[54] Lam M K, Lee K T. Mixed methanol–ethanol technology to produce greener biodiesel from waste cooking oil: a breakthrough for SO_4^{2-}/SnO_2–SiO_2 catalyst [J]. Fuel Processing Technology, 2011, 92: 1639-1645.

[55] Demirbas A. Biodiesel from waste cooking oil via base-catalytic and super-critical methanol transesterification [J]. Energy Conversion and Management, 2009, 50: 923-927.

[56] Patil P, Deng S, Isaac Rhodes J, et al. Conversion of waste cooking oil to biodiesel using ferric sulfate and supercritical methanol processes [J]. Fuel, 2010, 89: 360-364.

[57] Freedman B, Pryde E, Mounts T. Variables affecting the yields of fatty esters from transesterified vegetable oils [J]. Journal of the American Oil Chemists Society, 1984: 1638-1643.

[58] Soriano J R, Venditi R, Argyropoulos D S. Biodiesel synthesis via homogeneous Lewis acid-catalyzed transesterification [J]. Fuel, 2009, 88: 560-565.

[59] Bautista L F, Vicente G, Rodriguez R, et al. Optimisation of FAME production

from waste cooking oil for biodiesel use [J]. Biomass and Bioenergy, 2009, 33:862–872.

[60] Charoenchaitrakool M, Thienmethangkoon J. Statistical optimization for biodiesel production from waste frying oil through two-step catalyzed process [J]. Fuel Processing Technology, 2011, 92: 112-118.

[61] 王利宾，李文林，黄庆德，等 . 响应面法优化大豆油脂肪酸乙酯合成工艺 [J]. 中国油料作物学报，2010，32:119-123.

[62] Halim S F A, Kamaruddin A H, Femando W J N. Continuous biosynthesis of biodiesel from waste cooking palm oil in a packed bed reactor: optimization using response surface methodology (RSM) and mass transfer studies [J]. Bioresource Technology, 2009, 100: 710-716.

[63] Kiss F E, Jovanovic M, Booskovic G C. Economic and ecological aspects of biodiesel production over homogeneous and heterogeneous catalysts [J]. Fuel Processing Technology, 2010, 91: 1316-1320.

[64] Agarwal M, Chauhan G, Chaurasia S P, et al. Study of catalytic behavior of KOH as homogeneous and heterogeneous catalyst for biodiesel production [J]. Journal of the Taiwan Institute of Chemical Engineers，2012，43: 89-94.

[65] Chakraborty R, Das S K. Optimization of biodiesel synthesis from waste frying soybean oil using fish scale-supported Ni catalyst [J]. Industrial and Engineering Chemistry Research, 2012, 51: 8404-8414.

[66] Leung D, Guo Y. Transesterification of neat and used frying oil: optimization for biodiesel production [J]. Fuel Process Technology, 2006：883–890.

[67] Salih N, Salimon J, Yousif E. Synthetic biolubricant basestocks based on environmentally friendly raw materials [J]. Journal of King Saud University-Science, 2012, 24(3): 221-226.

[68] Hwang H S, Erhan S Z. Modification of epoxidized soybean oil for lubricant formulations with improved oxidative stability and low pour point [J]. Journal of the American Oil Chemists' Society, 2001, 78(12): 1179-1184.

[69] Nagendramma P, Kaul S. Development of ecofriendly/biodegradable lubricants: an overview [J]. Renewable and Sustainable Energy Reviews, 2012, 16: 764-774.

[70] Randles S I, Wright M. Environmentally considerate ester lubricants for the

automotive and engineering industries [J]. Journal of Synthetic Lubrication, 1992, 9(2): 145-161.

[71] Canoira L, Garcia G, Juan A, et al. Fatty acid methyl esters (FAMEs) from castor oil: Production process assessment and synergistic effects in its properties [J]. Renewable Energy, 2010, 35(1): 208-217.

[72] Madankar, C S, Pradhan S, Naik, S N. Parametric study of reactive extraction of castor seed (*Ricinus communis* L.) for methyl ester production and its potential use as biolubricant [J]. Industrial Crops and Products, 2013, 43: 283-290.

[73] Baisali S S, Sridharb K S, Vijay K. Preparation of fatty acid methyl ester through temperature gradient driven pervaporation process [J]. Chemical Engineering Journal, 2010, 162(2): 609-615.

[74] Atadashi I M, Aroua M K, Aziz A A. High quality biodiesel and its diesel engine application: A review [J]. Renewable and Sustainable Energy Reviews, 2010, 14(7): 1999-2008.

[75] Sripada P K, Sharma R V, Dalai A K. Comparative study of tribological properties of trimethylolpropane-based biolubricants derived from methyl oleate and canola biodiesel [J]. Industrial Crops and Products, 2013, 50: 95-103.

[76] Ngo H L, Dunn R O, Hoh E. C18-unsaturated branched-chain fatty acid isomers: Characterization and physical properties [J]. European Journal of Lipid Science and Technology, 2013, 115(6): 676-683.

[77] Sharma B K，Doll K M, Erhan S Z. Oxidation, friction reducing，and low temperature properties of epoxy fatty acid methyl esters [J]. Green Chemistry, 2007, 9 (5): 469-474.

[78] Haseeb A M, Sia S Y, Fazal M A, et al. Effect of temperature on tribological properties of palm biodiesel [J]. Energy, 2010, 35(3): 1460-1464.

[79] 张强，李文林，郑畅，等 . 菜籽油环氧化新工艺制备润滑油基础油的研究 [J]. 可再生能源，2009，27(2): 20-22.

[80] Prasad L L, Das L M, Naik S N. Effect of castor oil, methyl and ethyl esters as lubricity enhancer for low lubricity diesel fuel (LLDF) [J]. Energy & Fuels, 2012, 26(8): 5307-5315.

[81] 彭元怀，韦禄菁，凌咏 . 阳离子树脂催化合成环氧化大豆油的研究 [J]. 中国

油脂，2012，37(3): 63-65.

[82] Chainarong K, Benjapon C, Malli H. Epoxidation of waste used-oil biodiesel: Effect of reaction factors and its impact on the oxidative stability [J]. Korean Journal Of Chemical Engineering, 2013, 30(2): 327-336.

[83] Moser B R, Erhan S Z. πSynthesis and evaluation of a series of α-hydroxy ethers derived from isopropyl oleate [J]. Journal of the American Oil Chemists' Society, 2006, 83(11): 959-963.

[84] Adelia F F, Mariana A S, Melissa G A, et al. Epoxidation of modified natural plasticizer obtained from rice fatty acids and application on polyvinylchloride films [J]. Journal of Applied Polymer Science, 2013, 127(5): 3543-3549.

[85] Sander M M, Nicolau A, Guzatto R, et al. Plasticiser effect of oleic acid polyester on polyethylene and polypropylene [J]. Polymer Testing, 2012, 31(8): 1077-1082.

[86] Chua S C, Xu X B, Guo Z. Emerging sustainable technology for epoxidation directed toward plant oil-based plasticizers [J]. Process Biochemistry, 2012, 47(10): 1439-1451.

[87] 聂小安，蒋剑春，陈水根，等. 环氧脂肪酸甲酯的合成及其降凝性能初探 [J]. 林产化学与工业，2008，28(2): 48-52.

[88] Gorla G, Kour S M, Korlipara P V, et al. Novel acyl derivatives from karanja oil: alternative renewable lubricant base stocks [J]. Industrial & Engineering Chemistry Research, 2014, 53 (21): 8685-8693.

[89] Salimon J, Salih N, Yousif E. Biolubricants: raw materials, chemical modifications and environmental benefits [J]. European Journal of Lipid Science and Technology, 2010, 112(5): 519-530.

[90] Mobarak H M, Niza Mohamad E, Masjuki H H, et al. The prospects of biolubricants as alternatives in automotive applications [J]. Renewable and Sustainable Energy Reviews, 2014, 33: 34-43.

[91] Masjuki H H, Maleque M A, Kubo A, et al. Palm oil and mineral oil based lubricants—their tribological and emission performance [J]. Tribology International, 1999, 32(6): 305-314.

[92] Erhan S Z, Sharma B K, Perez J M. Oxidation and low temperature stability of vegetable oil-based lubricants [J]. Industrial Crops and Products, 2006, 24(3): 292-

299.

[93] Dmytryshyn S L, Dalai A K, Chaudhari S T, et al. Synthesis and characterization of vegetable oil derived esters: evaluation for their diesel additive properties [J]. Bioresource Technology, 2004, 92(1): 55-64.

[94] Quinchia L A, Delgado M A, Reddyhoff T, et al. Tribological studies of potential vegetable oil-based lubricants containing environmentally friendly viscosity modifiers [J]. Tribology International, 2014, 69: 110-117.

[95] Gryglewicz S, Piechocki W, Gryglewicz G. Preparation of polyol esters based on vegetable and animal fats [J]. Bioresource Technology, 2003, 87(1): 35-39.

[96] Sharma B K, Rashid U, Anwar F, et al. Lubricant properties of Moringa oil using thermal and tribological techniques [J]. Journal of Thermal Analysis and Calorimetry, 2009, 96(3): 999-1008.

[97] Serrano M, Oliveros R, Sánchez M, et al. Influence of blending vegetable oil methyl esters on biodiesel fuel properties: Oxidative stability and cold flow properties [J]. Energy, 2014, 65: 109-115.

[98] Lam M K, Lee K T, Mohamed A R. Homogeneous, heterogeneous and enzymatic catalysis for transesterification of high free fatty acid oil (waste cooking oil) to biodiesel: a review [J]. Biotechnology Advances, 2010, 28(4): 500-518.

[99] Kouzu M, Hidaka J. Transesterification of vegetable oil into biodiesel catalyzed by CaO: a review [J]. Fuel, 2012, 93: 1-12.

[100] Wyatt V T, Hess M A, Dunn R O, et al. Fuel properties and nitrogen oxide emission levels of biodiesel produced from animal fats [J]. Journal of the American Oil Chemists' Society, 2005, 82(8): 585-591.

[101] Moser B R, Erhan S Z. Branched chain derivatives of alkyl oleates: tribological, rheological, oxidation, and low temperature properties [J]. Fuel, 2008, 87(10): 2253-2257.

[102] Madankar C S, Dalai A K, Naik S N. Green synthesis of biolubricant base stock from canola oil [J]. Industrial Crops and Products, 2013, 44: 139-144.

[103] Janković M R, Sinadinović-Fišer S V, Govedarica O M. Kinetics of the epoxidation of castor oil with peracetic acid formed in situ in the presence of an ion-exchange resin [J]. Industrial & Engineering Chemistry Research, 2014,

53(22): 9357-9364.

[104] Salimon J, Salih N, Yousif E. Chemically modified biolubricant basestocks from epoxidized oleic acid: Improved low temperature properties and oxidative stability [J]. Journal of Saudi Chemical Society, 2011, 15(3): 195-201.

[105] Doll K M, Sharma B K, Erhan S Z. Synthesis of branched methyl hydroxy stearates including an ester from bio-based levulinic acid [J]. Industrial & Engineering Chemistry Research, 2007, 46(11): 3513-3519.

[106] Salih N, Salimon J, Yousif E, et al. Biolubricant basestocks from chemically modified plant oils: ricinoleic acid based-tetraesters [J]. Chemistry Central Journal, 2013, 7(1): 128.

[107] Adhvaryu A, Erhan S Z, Perez J M. Tribological studies of thermally and chemically modified vegetable oils for use as environmentally friendly lubricants [J]. Wear, 2004, 257(3): 359-367.

[108] Sharma B K, Liu Z, Adhvaryu A, et al. One-pot synthesis of chemically modified vegetable oils [J]. Journal of Agricultural and Food Chemistry, 2008, 56(9): 3049-3056.

[109] Cermak S C, Isbell T A. Synthesis and physical properties of mono-estolides with varying chain lengths [J]. Industrial Crops and Products, 2009, 29(1): 205-213.

[110] 李清华，陶德华，王彬，等 . 化学改性豆油的烷链结构和摩擦学性能研究 [J]. 摩擦学学报，2009，29(3): 233-236.

[111] Salih N, Salimon J, Abdullah B M, et al. Thermo-oxidation, friction-reducing and physicochemical properties of ricinoleic acid based-diester biolubricants[J]. Arabian Journal of Chemistry, 2013, 8: 2.

第 3 章　基于餐饮废油的切削液多效添加剂合成及应用研究

3.1　概述

3.1.1　引言

餐饮废油是不可食用的废油脂，又称潲水油、地沟油、泔水油等，主要包括煎炸废油和地沟油。其中地沟油是指从餐馆、酒店的隔油池捞取的油脂漂浮物，或是直接从剩菜、剩饭中加工提取的潲水油，这种油含有大量有害有毒成分，如果被人食用，会出现恶心、呕吐、头晕、腹泻等症状，长期食用还会导致人体营养缺乏，更为严重则会导致机体的癌变。我国是油脂消耗大国，据不完全统计，仅全国 100 多个大中城市，每年餐饮废油即达 200 多万吨。这些废油脂如果经不法商贩收集利用，再次流回餐桌，将会对人的健康产生极坏的影响。除此以外，部分废油被直接倒入下水道，引起环境和水体污染。因此，对于餐饮废油再利用的研究具有重要意义。

泔水油与食用油相比，由于其含有的杂质多，因此其颜色通常较深。经研究，泔水油和食用油理化性质之间有诸多区别，其中最明显的表现在色泽、过氧化值、羰基值以及电导率等方面。

3.1.2　国内外餐饮废油的回收利用现状

餐饮废油具有回收利用和污染的二重特性，在全球环境污染日益严重和能源不断枯竭的情形下，对餐饮废油进行合理的回收利用，实现变废为宝，正逐渐被各国所重视。国外在这方面也做出了相关的探索，并已取得了一些成就。

3.1.2.1　制备生物柴油

生物柴油（biodiesel）是可以代替石化柴油的可再生性柴油燃料。生物柴油是生物质能的一种，但是目前利用动植物油脂为原料制备生物柴油成本偏高，而餐饮废油的产量巨大，因此制备生物柴油是各国在餐饮废油回收领域研究较多的一个方向，目前已有较多的研究报道。

3.1.2.2 制备加脂剂脱模剂

混凝土制品脱模剂是建材行业最常用的一种油剂之一，当前此类产品主要采用乳化矿物油、机油以及皂化动植物油下脚料来制备，近年来也开发了高分子吸水树脂型脱模剂。但是，使用的这些产品均有各自的弊端：矿物油类脱模剂虽然使用效果好，但是所使用矿物油价格相对较高，且流失后易对周边环境造成污染；皂化物、高分子吸水树脂型矿物脱模剂的缺点是成膜后耐水性差，脱模因此不如矿物油理想。

王益民等分别以餐饮业废油脂和由废油脂制备的生物柴油为主要原料，在乳化剂作用下掺水制成乳化油，该乳化油具有良好的使用效果，使成本明显减小，具有很好的开发价值。

3.1.2.3 制皂和洗衣粉

餐饮废油的主要成分是甘油三酯，经过精制后的废油可以直接用于生产肥皂和洗衣粉。

魏正妍等将经过过滤、脱水、脱色、除味等步骤处理后的餐饮废油和浸泡后的柑橘皮，经皂化、盐析、水洗、干燥、定型等工序，制得了肥皂。该工艺操作简便、成本低、无污染。

梁芳慧等通过对脱色地沟油皂化，并加入新型绿色无磷复配表面活性剂和洗涤助剂，制成无磷洗衣粉，所得产物具备较好的净洗效果，所测指标均达国家标准。

3.1.2.4 制备脂肪酸

脂肪酸是重要的化工原料，可以通过水解油脂获得。目前国内已经有"利用餐饮泔水油及废动植物油为原料生产油酸、甘油、硬脂酸"的新专利，该工艺采取高温高压水解、脂肪酸加氢、多重精馏塔精馏、旋转薄膜蒸发等一系列高新技术，使得工艺时间大大缩短，生产稳定，所得产品纯度高、质量好，且各环节均为绿色工艺，对环境破坏小，因此，该套工艺具有良好的经济环保效益。

3.1.2.5 加工成动物饲料

餐饮泔水的残渣中有些富有大量的营养价值，如果泔水油来源清楚，质量可靠，通过适当的处理可以加工成为畜禽饲料。在日本、德国、古巴等一些饲料资源贫乏的国家，为了解决这个问题，他们从20世纪80年代就开始着手研究城市餐饮泔水的规模回收和再利用问题。并在泔水收集处理、饲料加工搭配等领域取得了诸多应用成果。在一些泔水资源丰富的地方，修建了泔水处理、饲料加工的厂房，其生产出来的产品可直接送至各养殖基地使用。利用泔水油加工成饲料可以最大限度地完成对资源的再利用，符合我国可持续发展的战略要求，泔水油成本低，加工时间短，生产出的饲料经济效益较好，且与生产普通肥料相比能节约一部分土地资源。

3.1.2.6　制备表面活性剂中间体

表面活性剂是一大类有机化合物，这类物质在加入量很少的情况下，就能使水的表面张力显著下降，它们的性质极具特色，有很大实用价值，现正广泛地应用在各个化工领域，而表面活性剂中间体是生成表面活性剂的重要原料之一。目前，已有部分关于利用餐饮废油制备表面活性剂中间体的报道。

张威等利用餐饮废油和丙二胺采用一步法制备了表面活性剂中间体——脂肪酰胺丙基二甲基胺，该法操作简便，转化率很高。

3.1.2.7　制备润滑油脂

动植物油的分子结构决定了其可作为润滑油脂的替代品，而且其绿色环保、价格低廉的特点使其具有巨大的发展潜力。目前，已有不少研究者针对餐饮废油制备润滑油脂做出了探索性的研究工作。

付蕾等利用废油脂采用直接法制备了钠基润滑脂，确定了其最佳工艺条件及配方。同时对产物进行了相关测试，并鉴别了其外观。除了滴点较低外，其他性质均达到要求。通过试验，证实了该方法的可行性。

刘伟等利用餐饮废油制备了锂基润滑脂，并确定了工艺条件和工艺路线。试验表明，可用废油脂作为传统稠化剂的替代品，是废油脂再利用的一条新途径。在研究中发现，通过加入复合剂能够提高锂–钙基和锂基润滑脂的滴点。

3.1.3　脂肪酸甲酯的制备

3.1.3.1　制备方法

（1）酸碱催化酯交换法。

酸碱催化酯交换法是制备生物柴油的主要方法，它是指废油脂在酸碱催化剂的作用下，与低碳醇进行酯交换反应，经分层、洗涤、干燥得到生物柴油。

酯交换反应常用的酸催化剂有硫酸、盐酸、硼酸、磺酸、磷酸等，酸催化工艺对原料要求不高，但是反应温度高、速度慢，对于设备的要求也比较高；因此酯交换反应常用碱性催化剂，常用的碱催化剂有 NaOH、KOH、K_2CO_3、甲醇钠等，碱催化工艺对于原料有一定要求（酸值低），但是反应速度很快，且低温下即可反应，设备比较简易，成本低，因此应用较为普遍。

对于碱催化法催化餐饮废油制备生物柴油，首先要对原料进行预处理，其中最重要的是降低废油的酸值，因为酸值过高，反应中油脂与碱性催化剂会出现皂化现象，从而影响生物柴油的产率。

对于高酸值餐饮废油，如何降低其酸值是制备生物柴油反应中的一个重要步骤，为解决该问题，苏有勇等采用了循环气相酯化—酯交换—水蒸气蒸馏的工艺来制备生物柴油，其中循环气相酯化步骤可以在很短时间内将废油酸值降至酯交换反应所需范围以内，通过水蒸气蒸馏可使产物纯度达到99.5%，该法反应速度快，产物纯度高，产物无须水洗，而且几乎无废弃物产生，对环境污染小。周星等采用了离子液体 [SO$_3$H-Bmim][HSO$_4$] 催化剂，该离子液体对于降低餐饮废油的酸值具有很好的催化活性，反应条件温和、时间短、效率高，且不需要浓硫酸，更加环保，设备成本低。李臣等考察了以单质 I$_2$ 为催化剂降低废油酸值，反应分两步进行：首先用少量单质碘催化废油中游离脂肪酸和甲醇发生酯化反应生成脂肪酸甲酯，待酸值降低至适当水平后，再用 KOH 催化废油中的甘油三酯和甲醇进行酯交换。结果表明，碘单质对酯化反应具有很强的催化活性，而且可以回收利用。此两步法制备生物柴油工艺简单、产品纯度高、设备投入低，且相对环保，因此具有良好的工业化前景。

（2）酶催化酯交换法。

酶催化酯交换法制备生物柴油具有醇用量小、反应条件温和、无污染物排放等优点。谢峰等采用固定化假丝酵母99-125脂肪酶，对不同地区废油脂在有机溶剂体系下催化合成生物柴油的方法进行了研究，并取得较好的酯化效果。

但该方法仍具有一些弊端，其中最主要的就是酶催化活性稳定性问题。研究表明，反应体系中反应物短链醇和副产物甘油以及体系中的水均会对脂肪酶催化活性产生较大的负面影响。另外，生物酶价格昂贵，且操作性差，极大限制了酶法制备生物柴油的大规模应用。因此，目前尚处于研究阶段，还未得到实际应用。

（3）超临界甲醇法。

超临界甲醇法是利用甲醇在高温高压超临界状态下，与植物油脂进行酯交换反应制备生物柴油的方法。

在以超临界甲醇为媒介进行酯交换的反应体系中，超临界甲醇同时充当了反应物和反应介质，从某种角度来说，它还具有一定的催化功能。该方法对于原料的要求较低，无须预处理，反应速度快，效率高，且不需加入催化剂，产物易回收，无污染物排放。但是，该法对于反应醇油比要求很高，需要加入大量甲醇，同时反应需在高温下（350℃左右）进行，因此操作环境具有一定的危险性，对于设备要求很高。不过有研究表明，加入适量助剂或少量碱性催化剂，可使反应在较为温和的条件下进行，这大大提升了该法的安全性并降低了生产成本，因此该法在未来具有良好的发展前景。

3.1.3.2　产物的分离与精制

酯化反应的产物主要是甲酯和甘油，另外还有少量的皂和催化剂。酯化反应后的产物需要进行分离，静置分层后，上层液即为甲酯粗产物，下层为甘油粗产物。粗甲酯经过简单的水洗、蒸馏后即能得到纯度较高的精制甲酯。

甘油是一类重要的化工产品，具有优良的润湿性和溶解性，在很多领域都有广泛应用。例如，在食品工业中用作甜味剂、烟草剂的吸湿剂和溶剂；在涂料工业中，用以制取各种聚酯树脂、醇酸树脂、缩水甘油醚和环氧树脂等；在医学中，用以制取各种制剂、溶剂、吸湿剂、防冻剂和甜味剂，配剂外用软膏或栓剂等；在纺织和印染工业中，用以制取润滑剂、吸湿剂、织物防皱缩处理剂、扩散剂和渗透剂；除此之外，在造纸、化妆品、制革、照相、印刷、金属加工、电工材料和橡胶等工业中也都有着广泛的用途。但是在我国，甘油产量远不能满足国内需求，缺口为 40% ~ 50%。生物柴油是近年来我国发展起来的新兴产业，较好的使用性能，以及绿色环保、可再生的特性使其具有广阔的发展前景。生物柴油制备过程中的副产物甘油产量大，浓度高，具有很高的再利用价值。

酯化反应副产物甘油中一般含有皂化物、催化剂以及部分甲酯，其一般精制过程是：首先利用甲醇稀释，加酸调节 pH 值至酸性，经分离后，转移出中层液体，经常压蒸馏出去甲醇，再经减压蒸馏收取特定温度段馏分，得到的即为高纯度甘油。

3.1.3.3　甲酯的成分分析

餐饮业废油脂组成成分复杂，主要包括豆油、菜籽油、花生油、花椒油、辣椒油、芝麻油等。油脂中的脂肪酸大多含有偶数 C 原子，主要的饱和脂肪酸包括肉豆蔻酸、棕榈酸和硬脂酸，不饱和脂肪酸包括十六碳烯酸、油酸、亚油酸、亚麻酸等。

对于甲酯化后的餐饮废油，其特征脂肪酸组成一般通过色质联机（GC-MS）分析获得。餐饮废油制备脂肪酸甲酯中各特征脂肪酸含量见表 3.1。

表 3.1　餐饮业废油生物柴油中各脂肪酸甲酯含量

甲酯	饱和脂肪酸甲酯			不饱和脂肪酸甲酯		其他
	C_{14}	C_{16}	C_{18}	C_{16}	C_{18}	
含量 /%	2.17	27.83	6.70	0.06	52.62	10.62

3.1.4　烷醇酰胺概述

3.1.4.1　烷醇酰胺简介

烷醇酰胺是一类表面活性良好的具有阴离子特性的非离子型表面活性剂，其化学通式为 $RCON(C_nH_{2n}OH)_2$（$n = 2 \sim 3$），其外观通常为淡黄色或琥珀色黏稠液体或膏状体。

烷醇酰胺最先是由 Wolf Kritchevsky 于 1937 年在制备油溶性染料时意外收获的。他曾在专利中报道以脂肪酸或脂肪酸衍生物与过量醇胺可制取脂肪酸烷醇酰胺。因此这种烷醇酰胺有时也称为 Kritchevsky 洗涤剂。这种表面活性剂首先在美国尼纳尔工厂生产并出售，因此又称尼纳尔（Ninol）表面活性剂。1949 年 Edwin Meade 在专利中提出，以甲酯与定量醇胺作用合成烷基醇酰胺，产品具有 90% 以上活性，被称为高活性酰胺或超级酰胺，其纯度很高。目前国外比较著名的生产脂肪酸二乙醇酰胺的企业有日本的 Oil、Lion、川研精韧化学品公司，美国的 CAF、Witco 公司，以及德国的 Huels、Henkel 公司等。在我国，烷醇酰胺类产品也已有了较为广泛的应用，已经有许多知名企业形成了较大规模的生产，其中以脂肪酸二乙醇酰胺的产量最大。

合成烷醇酰胺的原料之一为乙醇胺，它包括了单乙醇胺、二乙醇胺和三乙醇胺，目前均是通过在氨水中通入环氧乙烷或环氧丙烷而制得的。在这一系列产品中，需求量最大的是二乙醇胺。具体消费比例为单乙醇胺 26%，二乙醇胺 42%，三乙醇胺 32%。

作为非离子表面活性剂，烷醇酰胺具有以下特点：具有良好的稳泡性能，当其与阴离子表面活性剂复配后，可以提高复配体系的起泡效果；具有良好的增稠特性，在加入一定电解质的情况下，能显著提高其水溶液的黏度，例如 10% 的烷醇酰胺水溶液其黏度可以达到 1 MPa；具有良好的脱脂效果，对于动植物油及矿物油的洗脱能力都非常出色，且浓度越高洗脱效果越好。此外，烷醇酰胺能使污垢悬浮防止其再次沉积；对纤维吸附力好，且具有抗静电作用，洗后手感好。具有良好的防锈性，较低浓度下即能对钢铁产生很好的保护效果，常用于金属清洗和金属加工配方中。

3.1.4.2　烷醇酰胺的制备方法

目前工业上生产烷醇酰胺的方法，按原料的不同可以分为以下三种。

（1）甘油酯法。

以天然油脂为原料，与二乙醇胺直接缩合：

$$
\begin{array}{c}
\text{RCOOCH}_2 \\
| \\
\text{RCOOCH} + 3\text{NH(CH}_2\text{CH}_2\text{OH})_2 \longrightarrow 3\text{RCON(CH}_2\text{CH}_2\text{OH})_2 + \text{CHOH} \\
| \\
\text{RCOOCH}_2
\end{array}
\qquad
\begin{array}{c}
\text{CH}_2\text{OH} \\
| \\
\\
| \\
\text{CH}_2\text{OH}
\end{array}
$$

该方法所得产物为烷醇酰胺与甘油的混合物，为淡黄色或淡红棕色黏稠液体，其商品代号为 6502，该产品主要用于纺丝和工业清洗油剂的配制。但是，由于产物中混有较多的甘油而且很难分出，因此产物中酰胺含量不是很高。国外有专利采用不断将副产物甘油移出的方法，可以在一定程度上提高酰胺产率，但由于反应进行不易完全，且生成的甘油会与反应物及产物发生一系列副反应，这对于产品的增稠和稳泡性能有一定影响。但是由于直接法工艺简单，对于操作与设备的要求也不高，极大降低了生产成本，且产物仍具备一定的表面活性性能，因此，在工业生产中仍在大量应用。

（2）脂肪酸法。

以脂肪酸为原料，与二乙醇胺反应：

$$\text{RCOOH} + \text{NH(CH}_2\text{CH}_2\text{OH})_2 \longrightarrow \text{RCON(CH}_2\text{CH}_2\text{OH})_2 + \text{H}_2\text{O}$$

该法是工业上较为成熟的生产烷醇酰胺的工艺方法，此法优势在于原料来源广泛、工艺流程相对简单。但该反应涉及脂肪酸与二乙醇胺之间的脱水缩合反应，需要较高的反应温度，导致副产物氨基酯的含量较高，产品颜色较深。20 世纪 70 年代后期美国有专利首次采用了二步法制备脂肪酸烷醇酰胺，取得较好效果。小山基雄采用了新两步法对此法做出了改进，即第一步反应减少二乙醇胺的投入量，使之与过量脂肪酸反应，这一步可以抑制氨基酯的生成；第二步再投入剩余二乙醇胺和催化剂，使酰胺单酯和酰胺双酯转化为烷醇酰胺。经改进，产物中酰胺含量可以达到 90%，接近交酯法制备烷醇酰胺的水平。

（3）交酯法。

以脂肪酸甲酯为原料，与二乙醇胺反应：

$$RCOOCH_3+NH(CH_2CH_2OH)_2 \longrightarrow RCON(CH_2CH_2OH)_2+CH_3OH$$

该法也是工业上常用来制备烷醇酰胺的方法，由于反应是脱甲醇反应，因此反应所需温度较脂肪酸法要低，且反应生成氨基酯等副产物较少，所得产物烷醇酰胺的含量很高,产品中脂肪酸二乙醇酰胺含量可达到90%,游离二乙醇胺为5%,酰胺酯为4%,脂肪酸甲酯为0.8%,杂质为0.2%。由于烷醇酰胺含量很高，因此用该法制备的烷醇酰胺又被称作超级酰胺。此法中需要使用催化剂才能使反应进行，常用的催化剂为碱性催化剂，如 NaOH、甲醇钠等。国外也有报道称，当使用单质 Na 作为催化剂，可以极大地缩短反应时间。

3.1.4.3 产物的分析方法

（1）层析分析。

柱层析技术又称柱色谱技术。在圆柱管中先填充不溶性基质，形成一个固定相。将样品加到柱子上，用特殊溶剂洗脱，溶剂组成流动相。在样品从柱子上洗脱下来的过程中，根据样品混合物中各组分在吸附剂上吸附能力的不同而分离，吸附剂即为固定相，混合物中每种组分在固、液两相之间不断发生吸附和解吸，经多次反复分配，吸附能力弱的组分保留时间短先被洗脱剂冲洗下来，吸附能力强的组分在柱中保留时间长较慢被洗脱出来，后将组分分离。吸附能力弱的组分用弱极性洗脱剂，吸附能力强的组分则用强极性洗脱剂。常用溶剂极性强弱大小排序如下：

水 > 乙腈 > 甲醇 > 乙醇 > 乙酸 > 异丙醇 > 丙酮 > 正丁醇 > 四氢呋喃 > 乙醚 > 氯仿 > 甲苯 > 苯 > 四氯化碳 > 环己烷 > 石油醚

本试验中，根据反应产物的可能组成，分选用石油醚、丙酮、95%乙醇作为洗脱液，对样本进行三阶段冲洗：第一组分为脂肪酸甲酯，以石油醚为洗脱液；第二组分为脂肪酸二乙醇酰胺及酰胺酯，以丙酮为洗脱液；第三组分为二乙醇胺及胺酯，以95%乙醇为洗脱液。分别收集各组分洗脱液，回收溶剂后，测定每组分质量，据此计算出反应中甲酯的转化率。

（2）红外（IR）光谱分析。

红外光谱法是指利用试样分子中各基团吸收特定频率红外光会发生跃迁的现象来判断分子结构。它具有简单、快速的特点，是分析有机物结构的有效手段，目前已经广泛应用于分析化学领域。从红外光谱图我们可以了解到所测物质吸收红外光的位置和强度，由此可以判定出物质中所含化学键，从而确定其整个结构。

脂肪酸二乙醇酰胺的主要特征峰为：3 500 cm⁻¹ 附近的 N—H 吸收峰，1 640 cm⁻¹ 附近的酰胺基中 C＝O 伸缩振动吸收峰，1 050 cm⁻¹ 附近的酰胺基中 C—N 弯曲振动吸收峰。

（3）化学分析。

在酸性环境下，当存在硫酸钾和硫酸铜硝化触媒时，有机态氮会转变为硫酸铵。再将其置于碱性溶液中，蒸馏出氨，利用硼酸溶液吸收，再通过硫酸标准滴定溶液滴定，由此即可换算出脂肪酸酰胺含量。化学分析法的优点是仪器简单、准确度很高，完全可满足工业化生产的需要。

3.1.4.4　烷醇酰胺的应用

烷醇酰胺是从 20 世纪 90 年代开始发展起来的一类新型绿色表面活性剂。其分子结构中包含了具有极性的酰胺基和羟基，以及具有非极性的烃基链，这使得其具有十分优异的表面活性性能，在增稠、起泡、稳泡、乳化方面均有良好的表现，现广泛应用于日用化工、医药、纺织、金属加工等众多工业领域。

（1）在日用洗涤用品中的应用。

在日用洗涤用品中常加入烷醇酰胺类表面活性剂，椰油酸二乙醇酰胺或者月桂酸二乙醇酰胺具有良好的悬浮污垢的能力，去污力很强，且泡沫很稳定，因此应用最为广泛。由于烷醇酰胺具有良好的钙皂分散力，因此加入肥皂之后，能防止在使用中析出的钙皂沉积，而是均匀分散在洗液中。烷醇酰胺还具有很好的增稠作用，能很好地改变液体洗浴用品的流态。另外，与其他洗涤剂如烷基苯磺酸盐相比，烷醇酰胺具有更好的纤维吸附性和防静电作用，对于天然毛料的保护性更好，洗后手感也更加柔和。

（2）在金属清洗和加工中的应用。

烷醇酰胺具有良好的脱脂性、防锈性，因此应用于金属净洗剂中，可以提高其除油能力，并能阻止被清洗金属的锈蚀，同时由于烷醇酰胺还能悬浮污垢，因此可以防止洗脱的固体杂质再次沉积；应用于金属加工液中，很少的添加量即能明显提高其润滑能力和防锈能力，并且还能对非离子和阴离子乳液起到稳定的作用。

德国的一项专利中，使用了含脂肪酸链（C 原子数 10～20）的烷醇酰胺为添加剂，通过与醇、芳香族一元羧酸等添加剂混合，制备出了一种具有良好润滑性、防锈性、防磨蚀性和冷却性的功能流体，并在金属加工中得到了应用。

（3）在纺织工业中的应用。

在一些纺丝油剂中添加少量烷醇酰胺可以使纤维具有良好的集束性和柔软性。同时由于烷醇酰胺属于非离子表面活性剂，因此还具有防静电作用，可使纺织物具有更好的手感。另外，烷醇酰胺的添加使纺丝油剂的润滑性和防锈性也得以提高，这使得纺织设备的运行效率和稳定性都大大提高，降低了生产成本提高了产品质量。不过烷醇酰胺的添加量须有一定限度，过量使用会导致产品的平滑性下降，研究表明，纺丝油剂中烷醇酰胺的添加量一般为 3%～10%。烷醇酰胺在纺织工业中的应用还包括做染料稳定乳化剂以及纤维染色助剂的组分等。

（4）在化妆品中的应用。

烷醇酰胺由于具有发泡性好、毒性低及对眼睛和皮肤的刺激小等特点而在化妆品中广泛应用。大多数香波、浴液及护肤品中都含有烷醇酰胺类化合物。例如，在许多香波和浴液中，经常会用到月桂酸肉豆蔻基二乙醇酰胺，它对头发和皮肤有较好的调理和柔软作用，在醇醚硫酸盐含量低的配方中，烷醇酰胺可使其黏度不变；香波中某些酰胺类物质，如十一烯酸单乙醇酰胺磺基琥珀酸酯二钠盐，还具一定的杀菌和去头屑作用。香波配方中由于含有大量油脂，这会使得其泡沫性降低，而烷醇酰胺的加入，可以很好地改善这种情况。除此之外，烷醇酰胺还能使毛发柔化易于梳理，且具有良好的护肤、防皲裂效果。

（5）在塑料制品中的应用。

烷醇酰胺的衍生物，例如 EO 加成物，特别是其中的 1∶1 型产品，常用于 PE、PP、PVC 等塑料制品中，可以起到很好的抗静电效果，添加量为 2%～5% 时，可使表面电阻降低 3～4 个数量级，并能够提高聚烯烃的防黏性能和润滑性能。单乙醇酰胺和二乙醇酰胺的 EO 加成物是 PVC 塑料最好的添加型抗静电剂。另外，为得到抗静电性更高的产物，还可将烷醇酰胺与金属盐（如 Na、K 和 Zn 等的盐酸盐或醋酸盐）以 2∶1 的摩尔比制备金属络合物。

3.1.4.5　烷醇酰胺类表面活性剂研究进展

烷醇酰胺的合成研究主要集中在利用不同种类的油脂为原料的情况下，本章通过最佳合成工艺条件的探究，测定了相关产物的表面活性性能。同时也有研究者对制备方法进行了一定改进，改善了合成反应的环保性。

龚旌以废动植物油脂为原料合成烷醇酰胺。通过单因素试验和析因试验确定最佳工艺条件，烷醇酰胺的收率达 96.3%。通过红外光谱对产物结构进行了表征，并对界面张力进行了测定。结果表明，产物具有较好的界面活性。

周富荣等以大豆油为原料，在碱性催化剂的作用下，制备了大豆油烷醇酰胺，并测定了其表面活性，结果表明其表面性能良好，且较椰子油烷醇酰胺具有更好的流动性、稳定性及经济性。

冯光柱等以椰子油、甲醇和单乙醇胺为原料合成椰子油脂肪酸烷醇酰胺，然后经磷酸化及中和反应制得椰子油脂肪酸烷醇酰胺磷酸酯盐。探讨了物料配比、反应温度、反应时间等对产物中单双酯含量及产率的影响，并对合成产品的表面活性进行了测定，所得椰子油脂肪酸烷醇酰胺磷酸钠为性能优良的表面活性剂，它们具有优良的表面特性、乳化力及泡沫性。

邹祥龙等以菜籽油甲酯和单乙醇胺为原料合成了菜籽油脂肪酸单乙醇酰胺。利用无水乙醇对反应产物进行了重结晶，并进行了红外分析，证明得到了目标产物。

Adewale Adewuyi 等利用富含 C18:2(32.2%±0.3%) 和 C18:1 (23.8%±0.5%) 的毒鼠豆树（*Gliricidia sepium*）油合成了脂肪酸二乙醇酰胺及其环氧化产物，通过红外光谱和核磁共振法证实了产物的存在，产物在增稠、起泡、润湿性上均有良好表现。

Hakan Kolancılar 以月桂油为原料，采用直接法与醇胺反应制备了月桂油脂肪酸二乙醇酰胺，并用红外光谱以及核磁共振法对产物进行了定性分析，证实了产物的存在。

在性能研究方面，Folme 等以十八酸合成的一系列不饱和脂肪酸单乙醇酰胺为对象评估了双键、酰胺键对其物化性能的影响。研究表明：酰胺键的存在有利于氢键的形成，可降低临界胶束浓度。而双键的存在提高了分子亲水性，同时也阻碍了表面活性剂基团聚合而使氢键的形成变困难，临界胶束浓度增大。由于它的分子中存在酰胺键，因此具有较强的耐水解能力。

3.1.5 含氮磷酸酯型润滑添加剂概述

3.1.5.1 磷酸酯类润滑添加剂简介

在所有添加剂类型中，极压抗磨剂是一类十分重要的润滑添加剂，它能够很大程度地改善油品在高负荷运动下的抗磨减摩效果，因此在各类型润滑剂中使用最为广泛。P 系极压抗磨剂即为其中的一种，其作为极压抗磨剂在润滑油中使用已有了很长的历史，现今在工业的各个领域都得到了广泛应用，是当前适用范围广，使用效果最好的极压抗磨添加剂之一。

磷酸酯型极压抗磨剂即 P 系极压抗磨剂的一种，它的特点是挥发性低，只相当于同黏度等级烃类的十分之一，同时闪点和自燃点较高，润滑性能良好。当前使用的磷酸酯分为中性磷酸酯和酸性磷酸酯。几种磷酸酯型添加剂及化学结构式见表 3.2。

表 3.2　几种磷酸酯型添加剂及化学结构式

类型	化合物	化学结构式
磷酸酯	二月桂基磷酸酯	$\{C_{12}H_{25}O\}_2PH\underset{OH}{\overset{O}{<}}$
	二油基磷酸酯	$\{C_{18}H_{35}O\}_2PH\underset{OH}{\overset{O}{<}}$
	2-十八烷基磷酸酯	$\underset{C_{18}H_{37}O}{\overset{C_{18}H_{37}O}{>}}P\underset{OH}{\overset{O}{<}}$
磷酸酯胺盐	磷酸酯胺盐	$\underset{RO}{\overset{RO}{>}}P\overset{O}{\underset{}{}}-OHNH_2R'$

中性磷酸酯使用历史悠久，早在多年前就出现了以三甲酚磷酸酯（cresyl phosphate，TCP），它的性能优良，有一定抗磨性能，且只有较小的腐蚀性，通常适用于部分抗磨液压油以及航空发动机用油中。酸性磷酸酯与中性磷酸酯相比，它的反应活性更高，对于金属表面的吸附能力更强，因此其极压抗磨性能更加优异，使用性能较三甲酚磷酸酯（TCP）有了很大提升。但是，在极压条件下它的抗腐蚀性不好，容易对金属形成腐蚀。为了解决这一矛盾，研究人员进行了大量尝试，开发出了许多腐蚀性小的新型酸性磷酸酯型极压抗磨剂，如酸性磷酸酰胺和磷酸酯胺盐。

除此之外，磷酸酯型添加剂还具有以下特点：可生物降解性好，对环境污染小，污染周期短；刺激性小，有利于保护劳动者的健康；稳定性良好，耐酸、碱、电解质，应用范围广，同时在较高温度下仍有良好的使用性能；具有良好的配伍性，能与多种类型添加剂复配使用。

3.1.5.2　含氮磷酸酯介绍及其作用机理

磷酸酯产品中，中性磷酸酯性质较为缓和，腐蚀性小，但抗磨能力不强；酸性磷酸酯虽然在抗磨特性上有了很大提升，但同时其对金属的腐蚀性也增大。针对磷酸酯产品的上述弊端，研究人员进行了大量研究试验，结果发现向磷酸酯类添加剂分子中引入某些功能性元素（氮、硫等），可以很好地改善此类添加剂的综合性能，其中含氮磷酸酯以其具有优异的综合性能成为磷酸酯型添加剂的研究热点。

含氮磷酸酯是磷系极压抗磨剂的一个重要分支，国内外研究人员通过对磷氮剂作用机理的研究发现，在摩擦表面生成了一种含氮富磷的化学反应膜，元素磷以磷酸盐、亚磷酸盐的化合物存在，而元素氮则保持原有的价态不变。而且在吸附过程中，分子之间很容易形成氢键而使油膜更加致密，从而增加了油膜强度，提升了油品的抗磨性。同时，分子中的氮元素又是一种路易斯碱，可以有效抑制磷元素对金属表面的腐蚀。因此含氮磷酸酯兼顾了磷型极压抗磨剂的优点，同时还能克服某些磷型极压抗磨剂的弱点，如活性高、抗腐蚀性能差、磷元素消耗过快等。

乔玉林等以二烷基亚磷酸酯与胺在溶剂中进行反应制得含氮磷酸酯，并对产物的极压抗磨性能进行了系统研究，发现胺的烷基链增长可增加此类添加剂的油溶性，其中含氮杂环胺的油溶性更好。

3.1.6　研究的意义及主要研究内容

3.1.6.1　研究意义

（1）有利于保护环境、维护群众健康。国内餐饮废油的回收利用还缺乏良好的管理机制，一部分被炼油厂用于肥皂、甘油等的生产，一部分则经不法分子加工后再次流回餐桌，但还有大部分废油未经过任何处理就直接进入城市管网，对环境造成很严重的污染。因此，如何对产量如此巨大的餐饮废油进行合理的回收和再利用，对于保障居民健康以及维护生态环境促进和谐发展具有重大意义。

（2）有利于节约资源，降低成本。当前用于制备烷醇酰胺的原料主要是椰油酸、月桂酸以及油酸等高级脂肪酸，主要是从油料作物中提取，对于资源的消耗量比较大，有些油类如椰子油等，中国的产量并不多，需要从国外大量进口，因此生产成本较高。而餐饮废油产量巨大，其主要成分为甘油酯，具有很好的回收利用价值，如果能得到合理开发，可以极大减小对油料作物的依赖，缓解其供应紧张的局面。

（3）有利于抢占餐饮废油再利用领域的技术高地。目前，我国针对餐饮废油的再利用的研究主要集中在制备生物柴油和合成洗涤用品（肥皂、洗衣粉）领域，而对于合成添加剂类产品的研究见诸报道的很少。本章旨在探索出一条废油脂再利用的新途径，即以餐饮废油为原料合成油品添加剂，具体探讨了烷醇酰胺及其衍生物的制备方法，并为提高其产率进行了最优生产工艺的研究，具有生产成本低、产品附加值高的特点，同时打破了国外在餐饮废油回收领域对我国的技术封锁，对于抢占技术制高点，促进我国经济的健康繁荣发展有重要意义。

3.1.6.2　主要研究内容

针对我国餐饮废油利用途径单一，产品附加值不高的问题，探索了餐饮废油利用的新领域——制备绿色油品添加剂，利用餐饮废油合成了烷醇酰胺类表面活性剂，将其应用于切削液中考察其作为添加剂的使用性能。主要研究内容有以下几个方面：

（1）废油的精制；

（2）提高餐饮废油制备甲酯产率的制备工艺研究；

（3）两步交酯法制备脂肪酸酰胺的研究及其产物表面活性性能分析；

（4）脂肪酸酰胺磷酸酯的制备条件优化及成分检测；

（5）脂肪酸酰胺磷酸酯应用于油品性能测定以及切削液配方的确定。

3.2　餐饮废油的精制及甲酯的合成

3.2.1　餐饮废油的精制

根据餐饮废油的组成成分，本章试验选择了相应的方法对其进行精制，为下一步的酯交换反应做好准备，具体方法如下所述。

将收集的餐饮废油经筛网过滤以滤出其中的大颗粒固体杂质，然后向过滤后的油中加入适量稀硫酸，由于废油中所含蛋白质在酸性环境中不稳定，因此加酸后会从油脂中析出并凝结成团，经过离心可将其全部分离。向分离后的油中加入 70～80℃ 的热水对其进行水洗（每次加水量为所洗油量的 10%～15%，反复 3～4 次），这一步可以脱除废油中的磷脂等水溶性好的物质，并洗去残留在油中的稀酸。

经以上步骤处理过后的废油在外观上已经由浑浊变得清亮，但是仍呈现较深的红棕色，为提高后续产品的品质，还需对其进行脱色处理。工业上，通常选用白土或活性炭等吸附剂脱除油脂色素。

本试验选用白土为吸附剂，具体脱色工艺步骤为：取占餐饮废油质量 5% 的活性白土，在 130℃ 的温度下活化 2 h。加热餐饮废油至 60℃ 使其熔化，继续缓慢加热，并控制废油在 60～120℃的升温范围内，其间每隔 7～8 min 三次加入活性白土，建立三次脱色平衡。升温终点为 120℃，脱色总时长大约 25 min。经抽滤后，脱色后的餐饮废油经目测法观察呈透明、清亮的淡黄色液体，证明脱色效果良好。

餐饮废油精制工艺流程图如图 3.1 所示，精制后对比如图 3.2 所示。

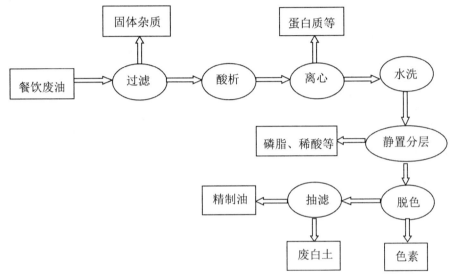

图 3.1　餐饮废油精制工艺流程图

图 3.2　废油精制前后对比

3.2.2　餐饮废油理化性质的分析测定

3.2.2.1　皂化值

皂化值是指完全皂化 1 g 油脂所需 KOH 的毫克数。它反映了油脂中脂肪酸碳链的长短，皂化值越高说明油脂中含短链脂肪酸较多，这类油脂中的不皂化物含量一般较低。餐饮废油的皂化值一般在 180 ~ 200。测定方法如下所述。

（1）称量。

根据估计的皂化值，按表 3.3 所示的称样量称样，并倒入锥形瓶中待测。

表 3.3　估计皂化值与取样量关系

估计的皂化值 /（mg·g^{-1}）	取样量 /g
150 ~ 200	2.2 ~ 1.8
200 ~ 250	1.7 ~ 1.4
250 ~ 300	1.3 ~ 1.2
300 以上	1.1 ~ 1.0

（2）皂化。

用移液管取 0.5 mol/L 的 KOH - 乙醇溶液 25 mL 加入盛有试样的锥形瓶中，加热煮沸回流，所得皂化液待测。

（3）测定。

向热的皂化液中滴加 5 ~ 10 滴酚酞指示剂，并用 1 mol/L HCl 标准溶液滴定直至粉色消失，加热至沸腾如不再出现粉色即为滴定终点。平行测定 2 次，并做一组空白试验对照。

皂化值计算公式为

$$SV = \frac{(V_0 - V_1) \times C \times 56.1}{m} \tag{3.1}$$

式中：SV 为油脂的皂化值，mg/g；V_0 为空白试验消耗的 HCl 标准溶液体积，mL；V_1 为样品试验消耗的 HCl 标准溶液体积，mL；C 为 HCl 标准溶液的浓度，mol/L；m 为样品的质量，g。

两次平行试验中：V_1 分别为 5.9 mL 和 5.8 mL，均值为 5.85 mL；空白试验中 V_0 为 12.3 mL，样品质量 m 为 1.950 6，由此可计算出：

$$SV = \frac{(12.3 - 5.85) \times 1 \times 56.1}{1.9506} = 186.2$$

3.2.2.2　酸值

酸值，是指中和 1 g 脂肪中的游离脂肪酸所需的氢氧化钾的毫克数。在脂肪生产时，酸值可作为水解程度的指标，在其保藏的条件下，则可作为酸值的指标。酸值越小，说明油脂质量越好，新鲜度和精炼程度越好。测定方法为如下：

准确称取试样 3.00 ~ 5.00 g 于 250 mL 锥形瓶中，加入 50 mL 预先中和过的中性乙醚 - 95% 乙醇混合溶剂溶解试样，再滴加 2 ~ 3 滴酚酞指示剂，然后用 0.02 mol/L 氢氧化钾标准溶液边摇动边滴定，至出现微红色且在 30 s 内不褪色即为滴定终点。

酸值计算公式为

$$AV = \frac{C \times V \times 56.1}{m} \qquad (3.2)$$

式中：V 为滴定试样所消耗的氢氧化钾标准溶液的体，mL；C 为氢氧化钾标准溶液的浓度，mol/L；m 为试样的质量，g。

试验中：$V = 3.1$ mL，$m = 4.95$ g，计算出 AV = 0.70 mgKOH/g。

3.2.2.3 黏度

黏度是衡量油品流动性能的一项重要指标。餐饮废油黏度的大小将影响搅拌速率，由于酯交换反应属于传质反应，油脂黏度过大将会使反应进行缓慢。

本试验使用黏度测定仪测定了餐饮废油在 25℃时的运动黏度。

3.2.2.4 水含量

餐饮废油中通常混有一定量的水分，如不脱除，对反应的速率和产物纯度均有一定影响。

本试验参照国家标准《动植物油脂 水分和挥发物含量测定》（GB/T 9696—2008）测定餐饮废油中的水含量。

3.2.3 分析结果

试验测得的精制油各理化常数数值见表 3.4。

表 3.4 餐饮废油的理化性质

理化性质	皂化值 /（mg·g⁻¹）	酸值 /（mgKOH·g⁻¹）	黏度	水分 %
数值	186.2	0.70	60.39	痕迹

可以看出，所取油样的酸值很小仅为 0.70 mgKOH/g，因此无须经过预酯化，可直接在碱性催化剂的催化作用下进行酯交换反应。

餐饮废油的相对分子质量可其皂化值计算出，公式如下：

$$M = \frac{56.1 \times 1000 \times 3}{\tau} = \frac{168300}{\tau} \qquad (3.3)$$

式中：M 为餐饮废油的相对分子质量；τ 为餐饮废油的皂化值。

计算出的餐饮废油的相对分子质量为

$$M = \frac{168300}{\tau} = \frac{168300}{186.2} = 903.87$$

3.2.4 甲酯的合成

3.2.4.1 原理

甲酯制备中的酯交换反应是指油脂与醇类之间发生的反应，参与反应的醇类可以使甲醇、乙醇、丙醇、丁醇或者戊醇，其中以甲醇的使用最为广泛，酯交换法制备甲酯即通过油脂中的甘油三酯与甲醇通过发生酯基交换反应，生成脂肪酸甲酯和甘油。

反应过程如下：

$$
\begin{array}{llll}
CH_2OCOR_1 & & CH_2OH & R_1COOCH_3 \\
| & & & \\
CHOCOR_2 & + 3(CH_3OH) \Longrightarrow & CHOH + & R_2COOCH_3 \\
| & & & \\
CH_2OCHR_3 & & CH_2OH & R_3COOCH_3 \\
\text{甘油三酯} & \text{甲醇} & \text{甘油} & \text{甲酯}
\end{array}
$$

3.2.4.2 正交试验及数据分析

根据化学反应动力学及 Peterson 等的研究，影响酯交换反应转化率的主要因素有醇油质量比、反应温度、反应时间、搅拌强度及催化剂质量分数等。

（1）醇油质量比。

本试验中考察了醇油质量比为 0.2、0.25、0.30 这几种投料比下反应的进行程度。

（2）反应温度。

本试验中考察了 50℃、60℃、70℃这几种温度下反应的进行程度。

（3）催化剂。

本试验中考察了催化剂质量分数为 0.8%、1.0%、1.2% 这几种添加量下反应的进行程度。

（4）反应时间。

本试验中考察了 40 min、50 min、60 min 这几个反应时间下反应的进行程度。

（5）搅拌速度。

由于酯交换反应属于传质反应，因此使反应物混合得越均匀越有利于反应的进行，由于本试验是在实验室中进行的，无须考虑搅拌速率的耗能与机械损耗，因此反应中采用了尽可能大的搅拌速率。

以经过预处理后的餐饮废油与甲醇为原料，在催化剂 KOH 的作用下发生酯交换反应。本节通过正交试验考察了反应过程中醇油质量比、反应温度、反应时间及催化剂质量分数四个因素对甲酯产率的影响。其因素水平表、试验安排及试验结果如表 3.5、表 3.6 所示。

表 3.5　因素水平表

水平	因素			
	A（醇油质量比）	B（反应温度）/℃	C（反应时间）/min	D（催化剂质量分数）/%
1	0.20	50	40	0.8
2	0.25	60	50	1.0
3	0.30	70	60	1.2

表 3.6　试验安排及试验结果

试验组别	A	B	C	D	产率/%
1	0.20	50	40	0.8%	57.5
2	0.20	60	50	1.0%	61.1
3	0.20	70	60	1.2%	65.7
4	0.25	50	50	1.2%	80.4
5	0.25	60	60	0.8%	88.9
6	0.25	70	70	1.0%	84.2
7	0.30	50	60	1.0%	95.4
8	0.30	60	40	1.2%	72.8
9	0.30	70	50	0.8%	78.8
K_1	0.614	0.778	0.715	0.751	—
K_2	0.845	0.743	0.734	0.802	—
K_3	0.823	0.762	0.833	0.730	—
R	0.231	0.035	0.118	0.072	—

注：产率 =（分离获得的脂肪酸甲酯的质量 / 料油完全转化为脂肪酸甲酯时的理论质量）×100%。

由试验结果可以看出，各因素对试验结果影响大小排序为：醇油质量比（A）＞反应时间（C）＞催化剂质量分数（D）＞反应温度（B）。

由于该反应属于可逆反应，增加甲醇的比例可以促进反应正向进行，但含量达到一定程度后，对反应的影响逐渐变小，故醇油质量比取 0.30。

反应时间的延长可使反应更加完全，但到一定程度后，反应已基本完成，继续增加时间对产量的影响十分微弱，考虑到试验时间都不长，可取最大值，因此反应时间取 60 min。

甲酯化反应属于吸热反应，提高温度有助于反应的进行，但由于甲醇易挥发，温度升高会致使其大量挥发至气相之中，从而导致直接参与反应的部分减少，故温度需控制在一定范围之内，本试验中，当温度为 50～70℃时，均可获得较高的甲酯产量，但温度在此区间波动时对产量的影响不明显，第 7 组试验中甲酯产率已经达到 95.4%，从节约能源的角度考虑，温度取 50℃。

本试验的甲酯化反应中催化剂质量分数为 0.8%～1.2%，催化剂的加入能提高反应速率、提高产率，但过量加入会增加皂化物的生成量，因此催化剂质量分数可取 1.0%。

综上所述，制备甲酯的最佳工艺条件为：醇油质量比 0.3，反应时间 60 min，反应温度 50℃，催化剂质量分数 1.0%。在此条件下进行试验，生物柴油产率可达 97.4%。

3.2.4.3 反应产物的处理

将反应所得产物倒入分液漏斗静置分层，上层液体为粗甲酯，下层液体为粗甘油。粗甲酯中混有皂化物、KOH 以及少量甘油，粗甘油中同样也混有部分皂化物、催化剂以及少量甲酯。因此，要提高甲酯纯度并得到副产物甘油，需要对粗产物进行分离精制。

将分液后的上层粗甲酯用热水洗涤 2～3 次，可以洗去皂化物、KOH 和甘油，再对洗涤后的甲酯进行减压蒸馏除去水分即得淡黄色、透明的精制甲酯。

反应下层产物为粗甘油，由于产量较大，如果不能合理利用，不仅是对资源的浪费，还会对环境造成一定的危害，因此需对试验中生成的甘油加以回收。酯化反应生成的粗甘油中混有少量甲酯、催化剂 KOH 以及反应中生成的皂化物，可采用如下方法对甘油进行精制。将粗甘油用一定量的甲醇稀释，加入适量稀酸来中和甘油中的 KOH，并和皂化物反应生成盐。调节体系的 pH 值至 5.0，并以 1 500 r/min 的转速离心分离，离心后的产物分为 3 层，上层为少量甲酯，下层为盐和皂化物,中间层为甘油。取中间层进行常压蒸馏再在真空度2 kPa下减压蒸馏,收集158～165℃馏分,所得即为高纯度甘油。

3.3　脂肪酸二乙醇酰胺的合成

3.3.1　试验原理

　　脂肪酸二乙醇酰胺的制备方法根据其原料的不同分成三种,即交酯法、直接法和甘油酯法。其中甘油酯法工艺最为简单,但所得产物中由于混有大量甘油,且很难分离出,因此产物纯度不高。直接法即以脂肪酸为原料与二乙醇胺反应合成烷醇酰胺,该法的工艺也较为简单,但反应温度高、时间长,在未经改良的情况下副产物较多,产品纯度也不高。酯交换法和其他两种方法相比优势在于其反应温度低,生产副产物相对较少,产物纯度高;缺点是对操作条件要求相对较高,有甲醇生成且反应时间较长。

　　脂肪酸甲酯和二乙醇胺之间的反应为缩合反应,其反应机理较为复杂,存在两类反应,即酰胺化反应和酯化反应,两类反应之间存在竞争关系。反应物之一的二乙醇胺的分子结构中包含了1个亚胺基和2个羟基,在一定温度条件下,由于亚胺具有很强的亲核性,酰胺化比酯化反应速率更快,此时以酰胺化反应为主。当温度上升,两类反应的速度都会提高,当升温到一定程度后,此时若酰胺化反应速度增加量为 a ,酯化反应速度增加量为 a 。此时酯化反应成为主要反应,即二乙醇胺、酰胺中的羟基均会和脂肪酸甲酯发生酯化反应,生产酰胺单、双酯和胺基单、双酯。

　　交酯法中各反应过程如下:

　　①主反应。

$$RCOOCH_3 + HN(C_2H_4OH)_2 \longrightarrow RCONC_2H_4OH + CH_3OH$$

$$\underset{\text{烷醇酰胺}}{|\ C_2H_4OH}$$

　　②副反应。

$$2RCOOCH_3 + HN(C_2H_4OH)_2 \longrightarrow RCONC_2H_4COOR + 2CH_3OH$$

$$\underset{\text{酰胺单酯}}{|\ C_2H_4OH}$$

$$3RCOOCH_3 + HN(C_2H_4OH)_2 \longrightarrow \underset{|}{RCONC_2H_4COOR} + 3CH_3OH$$
$$C_2H_4COOR \quad \text{酰胺双酯}$$

$$RCOOCH_3 + HN(C_2H_4OH)_2 \longrightarrow \underset{|}{HNC_2H_4OH} + CH_2OH$$
$$C_2H_4OCOR \quad \text{胺基单酯}$$

$$2RCOOCH_3 + HN(C_2H_4OH)_2 \longrightarrow \underset{|}{HNC_2H_4OCOR} + 2CH_3OH$$
$$C_2H_4OCOR \quad \text{胺基双酯}$$

在烷醇酰胺的合成过程中，不可避免地会生成几类副产物，它们分别是酰胺单酯、酰胺双酯、胺基单酯以及胺基双酯。这些副产物的存在会阻碍反应进度，影响产品品质。小山基雄以脂肪酸为原料合成了烷醇酰胺，并对该过程中的副产物进行了专门研究，发现酰胺单酯、酰胺双酯在较低温度下（100℃以下），经数小时即可自动转化为烷醇酰胺，而胺基单酯和胺基双酯则需经过几天甚至几周时间才能发生转化。以二乙醇胺为例，反应过程如下：

① 酰胺单酯的转化过程。

$$\underset{|}{RCONC_2H_4OH} + HN(C_2H_4OH)_2 \xrightarrow[\text{快}]{\text{催化剂}} 2RCON(C_2H_4OH)_2$$
$$C_2H_4OCOR$$

②酰胺双酯的转化过程。

$$\underset{|}{RCONC_2H_4OCOR} + HN(C_2H_4OH)_2 \xrightarrow[\text{快}]{\text{催化剂}} 2RCON(C_2H_4OH)_2$$
$$C_2H_4OCOR$$

③胺基单酯的转化过程。

$$\underset{|}{HNC_2H_4OH} + HN(C_2H_4OH)_2 \xrightarrow[\text{慢}]{\text{催化剂}} RCON(C_2H_4OH)_2 + HN(C_2H_4OH)_2$$
$$C_2H_4OCOR$$

④胺基双酯的转化过程。

$$\underset{|}{HNC_2H_4OCOR} + 2HN(C_2H_4OH)_2 \xrightarrow[\text{慢}]{\text{催化剂}} 2RCON(C_2H_4OH)_2 + HN(C_2H_4OH)_2$$
$$C_2H_4OCOR$$

基于以上研究成果，在以脂肪酸为原料制备烷醇酰胺时，可考虑反应可分两步进行：

第一步以过量脂肪酸和二乙醇胺反应，这样可以抑制胺基酯的生成，使反应定向生成酰胺和酰胺单、双酯；

第二步将混有催化剂的剩余二乙醇胺加入到上一步反应产物中，这部分二乙醇胺将与上一步生成的酰胺单、双酯在催化剂的作用下发生反应，促使酰胺单、双酯分解转化成烷醇酰胺。

本试验中将两步法应用于交酯法制备烷醇酰胺的工艺中，以期进一步提高产品纯度，并缩短反应时间。

3.3.2　脂肪酸二乙醇酰胺的合成步骤

3.3.2.1　影响因素的确定

本试验确定了以下几个影响因素：第一步反应投料比、真空度、反应温度、反应时间，第二步催化剂质量分数。根据前文所述，副产物胺基酯会在 100℃ 以下有二乙醇胺的参与时转化为酰胺，本试验确定为 70℃。由于两步法中第一步反应起着决定性作用，因此重点考察了各影响因素对第一步反应的影响。通过测定产物胺值的方法来确定反应进度。

（1）投料比对反应的影响。

根据反应方程式，正常情况下反应中脂肪酸甲酯和二乙醇胺的摩尔比应该为 1∶1，但是考虑到增加一种反应物的浓度可以促进反应的正向进行，从而提高另一反应物的转化率，因此考虑使二乙醇胺的总量稍大于脂肪酸甲酯，参照相关文献，可取脂肪酸甲酯和二乙醇胺各自总量的摩尔比为 1∶1.1。

在第一步反应中，由于要抑制胺基酯的生成，需使脂肪酸甲酯浓度大于二乙醇胺浓度，本试验中考察了 1∶0.5、1∶0.6、1∶0.7、1∶0.8、1∶0.9 这几种投料比下反应的进行程度。

（2）真空度对反应的影响。

抽真空有利于排出反应中生成的甲醇，促进反应的正向进行，同时能减少反应物与空气中氧气的反应，避免其被氧化。但是过高的真空度可能会使高速气流带走反应中蒸发出的二乙醇胺从而降低其浓度，增加反应物的消耗，影响目标物质的产率。因此需通过试验确定第一步反应中最佳真空度。本试验考察了 0 kPa（常压）、26.66 kPa、53.33 kPa、79.99 kPa 这几种真空度下反应的进行程度。

（3）反应温度对反应的影响。

升高温度有利用反应的正向进行，但由前面热力学分析可知，当温度达到某一程度后，酯化反应速度将大于酰胺化反应速度，这将会使副产物生成的概率大大增加，同时过高的温度会使产物的颜色加深。而降低温度虽然可以极大地减少副产物的生成并改善产品色泽，却会使反应速度大为减缓，同时会使反应不完全，产率降低。因此需通过试验确定第一步反应中最佳反应温度。本试验考察了100℃、110℃、120℃、130℃、140℃这几种温度下反应的进行程度。

（4）反应时间对反应的影响。

在投料比、真空度、反应温度确定了的情况下，延长反应时间虽然可以提高转化率，但同时也增加了副产物生成的概率。因此需通过试验确定第一步反应中最佳反应时间。本试验考察了0.5 h、1 h、1.5 h、2 h、3 h这几个时长下反应的进行程度。

（5）第二步催化剂质量分数对反应的影响。

本反应常用的催化剂为NaOH和KOH，其中KOH的催化效果比NaOH更好，且在二乙醇胺中较NaOH有更好的溶解性，因此本试验选用KOH为催化剂。催化剂的存在可以促进副产物胺基酯转化为酰胺，但是过量的催化剂又会对产物的胺值产生较大影响，且会和甲酯反应生成皂化物，影响产品的质量，因此需通过试验确定第二步反应中最佳催化剂质量分数，并考察了其在0.4%、0.6%、0.8%、1.0%、1.2%的质量分数（占FAME的质量分数）下对反应结果的影响。

3.3.2.2 试验装置

交酯法合成脂肪酸二乙醇酰胺的试验装置如图3.3所示。

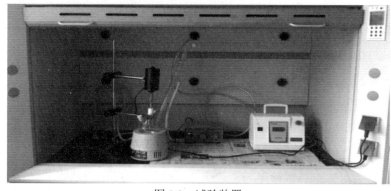

图3.3 试验装置

将反应物置于三颈烧瓶中，加热并不断搅拌，反应中控制温度。在装置另一端用真空泵控制反应容器内的真空度，并及时带走反应中生成的甲醇。由于本试验中使用了较大的真空度，高速气流不仅会带出甲醇，还会带出部分高温下蒸发出的二乙醇胺，因此需要加入冷凝管，使二乙醇胺回流，在高真空度下冷却水温度大于甲醇的沸点，加上高速气流的作用，因此不用担心甲醇回流。

3.3.2.3 最优工艺条件的确定

本试验所合成的产物为 1∶1 型高活性烷醇酰胺，由于反应中会生成胺基酯和酰胺酯，而当醇胺稍微过量时就会抑制胺酯和酰胺酯的生成，因此本试验考虑以两步法制备烷醇酰胺。即第一步先只加入部分二乙醇胺，待反应一段时间之后，再加入剩余部分二乙醇胺和催化剂并保温，通过测定胺值来确定反应的进行程度。本试验进行了单因素试验考察了各因素对反应进程的影响。

（1）第一步投料比的影响。

第一步反应中改变甲酯和二乙醇胺的摩尔比，保持其他因素相同（温度为 140℃，反应时间为 3 h，常压，第二步催化剂质量分数为 1.0%）的条件下，通过测定第二步反应结束时产物的胺值，来考察反应的进行程度，试验结果如图 3.4 所示。

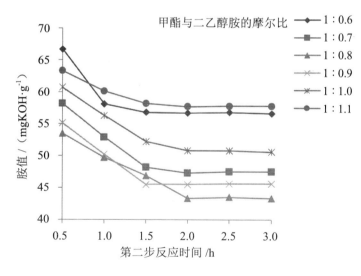

图 3.4　第一步投料比对反应的影响

如图 3.4 所示，在第一步采用不同酯胺比投料时，胺值均在 2 h 内趋于稳定，据此，可将第二步保温时间确定为 2 h；当第一步酯胺比为 1∶0.8 时，反应结束时胺值达到最小值 44.1 mgKOH/g，所以第一步反应中甲酯和二乙醇胺的摩尔比取 1∶0.8。

（2）第一步真空度的影响。

第一步反应中改变反应容器内的真空度，在投料比为 1∶0.8，保持其他因素相同（温度为 140℃，反应时间为 3 h）的条件下，通过测定第一步反应结束时产物的胺值，来考察反应的进行程度，试验结果图 3.5 所示。

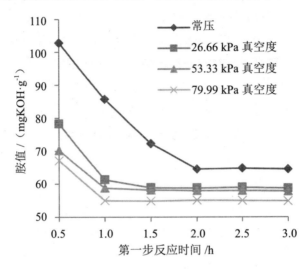

图 3.5　第一步真空度对反应的影响

如图 3.5 所示，常压下反应的转化率较低，这是因为反应产生的甲醇不能及时排出，且会部分会从冷凝管回流至反应液中，从而导致反应难以继续进行。随着第一步反应中真空度的不断增大，高速气流可将产生的甲醇迅速地从反应容器中带出，由于是高真空状态，此时甲酯的沸点很低，即使经过冷凝管时，也不会回流，这将极大促进二乙醇胺的转化，因此最终产物的胺值不断降低，当真空度达到 79.99 kPa 时，反应结束时胺值达到最低值 54.8 mgKOH/g。同时可以看出，在提高反应的真空度后，第一步反应时间明显缩短。因此可以确定控制反应在79.99 kPa 真空度下进行。

（3）反应温度的影响。

第一步反应中改变反应温度，在投料比 1∶0.8，真空度 79.99 kPa，时间 2 h 的条件下，通过测定第一步反应结束时产物的胺值，来考察反应的进行程度，试验结果如图 3.6 所示。

如图 3.6 所示，当温度在 90 ~ 140℃范围变化时，反应结束时胺值的变化趋势为逐渐减小，并在 130℃左右时，趋于平稳，其后虽然仍有下降但已经很微弱，且经试验发现随着温度的升高，产品的色泽逐渐加深，从节约能源和改善产品外观的角度出发，第一步反应温度控制在 130℃较为适宜。

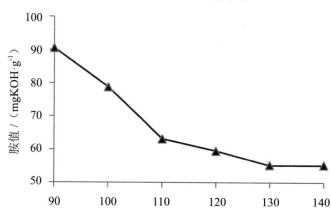

图 3.6　温度对反应的影响

（4）反应时间的影响。

第一步反应中改变反应时间，在投料比 1∶0.8，真空度 79.99 kPa，温度 130℃的条件下，仍通过测定第一步反应结束时产物的胺值的方法，来考察反应的进行程度，试验结果如图 3.7 所示。

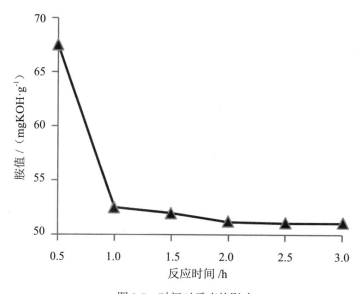

图 3.7　时间对反应的影响

如图 3.7 所示，随着反应时间的增加，第一步反应结束时的胺值呈不断下降的趋势，并从 1 h 开始逐渐趋于平缓，由于时间的延长会增加成本并使产品着色的概率变大，因此从节约成本和改善产品外观的角度出发，第一步反应时间控制在 1 h 较为适宜。

（5）催化剂质量分数的影响

在第一步反应条件确定了的情况下（投料比 1 : 0.8，真空度 79.99 kPa，反应时间 1 h，反应温度 130℃），改变第二步反应中催化剂 KOH 的质量分数，并在 70℃ 的温度下进行试验，通过测定最终产物的胺值，来考察反应的进行程度，试验结果如图 3.8 所示。

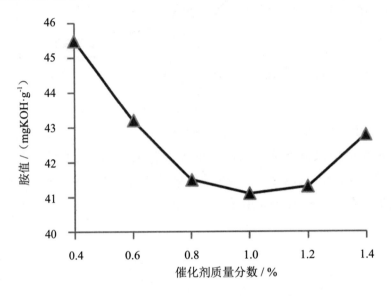

图 3.8　催化剂添加量对反应的影响

如图 3.8 所示，开始时产物胺值随催化剂质量分数的增加而逐渐减小，表明副产物胺基酯在催化剂的作用下已经转变成为酰胺；当催化剂达到一定质量分数后（本试验为 1%），胺值反而有所增加，这是因为催化剂质量分数过大致使其中一部分与脂肪酸甲酯发生了皂化反应，生成的皂也将消耗掉一部分测胺值时所用的 HCl 溶液。试验中当反应当催化剂质量分数为 1.0% 时，胺值达到最小，因此不宜继续增加其用量，而且催化剂加入量太大容易使产物的 pH 值过高，从而影响其表面活性性能，达不到国家标准。因此，催化剂质量分数确定为 1.0%（占甲酯的质量）。

综上所述，两步交酯法制备烷醇酰胺的最优工艺条件为：第一步中，投料比 1 : 0.8，真空度 79.99 kPa，反应时间 1 h，反应温度 130℃；第二步再将混有 1.0% KOH（占甲酯的质量）的剩余二乙醇胺投入到第一步反应产物中，并在 70℃ 下保温 2 h。在最优工艺条件下进行试验，最终产物的胺值为 41.1 mgKOH/g。

3.4　脂肪酸二乙醇酰胺磷酸酯的合成与分析

3.4.1　含氮磷酸酯简介

含氮磷酸酯是磷系极压抗磨剂的一个重要分支，国内外研究人员通过对磷氮剂作用机理研究，发现它能在金属表面摩擦吸附时，分子之间容易形成氢键而使横向引力增强因而使油膜强度得到提高，改善了油品的抗磨性能。同时分子中的 N 元素又是一种路易斯碱，可以有效抑制磷元素对金属表面的腐蚀。因此它兼顾了磷型极压抗磨剂的优点，同时还能克服某些磷型极压抗磨剂的弱点，如活性高、抗腐蚀性能差、磷元素消耗过快等。本试验中，将合成一种新型的含氮磷酸酯——脂肪酸二乙醇酰胺磷酸酯。

3.4.2　脂肪酸二乙醇酰胺磷酸酯制备工艺路线选择

磷酸酯是由含羟基的有机化合物，如烷基多苷、脂肪醇聚氧乙烯醚、烷基酚聚氧乙烯醚、脂肪醇、聚乙二醇等与磷酸化试剂（P_2O_5、磷酸、磷酸酯、多聚磷酸等）发生酯化反应所得产物。其结构特点决定了其具有良好的表面活性，因此在许多领域均得到了广泛的应用。在众多磷酸化试剂中，P_2O_5 具有价格便宜，反应条件温和、设备相对简易、绿色环保等优点，因此本实验选用 P_2O_5 作为磷酸化试剂。

以 P_2O_5 为磷酸化试剂与脂肪酸二乙醇酰胺反应，包括酯化和水解两个步骤，其中酯化反应主要产物包括磷酸单酯、磷酸双酯，另外还有少量游离磷酸等，其主要反应过程如下：

磷酸单酯　　　　　　　　　　　　　　磷酸双酯

由于酯化反应中可能会有少量聚磷酸酯和焦磷酸酯生成，因此在酯化反应完成之后，需加入适量的水，在一定温度下，使聚磷酸酯和焦磷酸酯水解成酰胺单酯，水解反应过程如下：

$$OR-\underset{\underset{OH}{|}}{\overset{\overset{O}{\|}}{P}}-O-\underset{\underset{OH}{|}}{\overset{\overset{O}{\|}}{P}}-OR \xrightarrow{H_2O} 2RO-\underset{\underset{OH}{|}}{\overset{\overset{O}{\|}}{P}}-OH$$

$$RO-\underset{\underset{OH}{|}}{\overset{\overset{O}{\|}}{P}}-O-\underset{\underset{OH}{|}}{\overset{\overset{O}{\|}}{P}}-OH \xrightarrow{H_2O} RO-\underset{\underset{OH}{|}}{\overset{\overset{O}{\|}}{P}}-OH + H_3PO_4$$

本试验中的反应为放热反应，影响反应的因素包括反应温度、酯化反应放出的热量、P_2O_5 的吸湿程度以及反应原料中的杂质等，其中影响最大的是反应温度。温度的升高有利于酯化反应的进行，但温度过高又容易使生成的磷酸酯分解，从而降低了酯化率。酯化反应的温度控制在 $60 \sim 80℃$ 为宜。

3.4.3 试验试剂和设备

3.4.3.1 试验试剂

本试验用到的试剂有：脂肪酸二乙醇酰胺，实验室自制；五氧化二磷，分析纯，重庆川东化工（集团）有限公司化学试剂厂；95% 乙醇，分析纯，重庆川东化工（集团）有限公司化学试剂厂；氢氧化钠标准溶液，实验室自备；蒸馏水，实验室自制。

3.4.3.2 试验设备

本试验所用的主要仪器及设备的名称、型号及生产厂商见表3.7。

表3.7 试验设备

仪器	生产厂家
烧杯、量筒、温度计、三颈烧杯、分液漏斗、锥形瓶、冷凝管、移液管、毛细管黏度计、胶头滴管、蒸馏烧瓶等玻璃仪器	蜀山玻璃仪器有限公司
DZF-6020型真空干燥箱	上海博迅实业有限公司

续表

仪器	生产厂家
85-2 型磁力加热搅拌器	金坛市易晨仪器制造有限公司
Spectrum 400 型红外光谱仪	美国 Perkin Elmer 公司
FA2104N 电子天平	上海民桥精密科学仪器有限公司
F-80 便携式无油真空泵	天津富方科技发展有限公司
DDS-312 型电导率仪（图 3.9）	上海康仪仪器有限公司

图 3.9　电导率仪

3.4.4　反应产物分析方法

在磷酸化产物中，单双酯各自含量的不同将会对产物的性能产生不同的影响。在烷基链碳数相同时，单酯具有良好的乳化性、溶解性和抗静电性；而双酯的平滑性更好。由于本试验所制备的磷酸酯主要是应用其润滑性能，因此需要提高产物中磷酸双酯的含量，为此，需要对实验产物中磷酸单双酯的组成进行检测。目前进行检测磷酸酯成分的方法有 P-NMR 法、薄层色谱法、高压液相色谱法、混合指示剂法、电位滴定和电导法等。

本节采用电导法进行了相关试验。此法是依据磷酸单、双酯在 75% 乙醇溶液中的酸性与磷酸相当，因此可利用 NaOH 标准溶液滴定，滴定过程中会伴随着化学变化，并导致溶液电导率发生改变，以磷酸酯溶液电导率对滴定溶液体积做出曲线图，可以确定滴定过程中电导率的曲线变化的拐点。

值得注意的是，由于第三步中磷酸的解离常数很小，无法用 NaOH 标准溶液直接滴定，而需采用间接法，即在第二步结束之后向溶液中加入适量的 $CaCl_2$ 溶液，使其与磷酸根离子反应生成等量的 HCl，再利用 NaOH 标准溶液滴定，并确定滴

定终点。计算公式为

$$磷酸甲酯质量分数 = \frac{V_2 - V_3}{V_1} \times 100\%$$

$$磷酸甲酯质量分数 = \frac{V_1 - V_2}{V_1} \times 100\%$$

$$磷酸质量分数 = \frac{V_3}{V_1} \times 100\%$$

式中：V_1 为磷酸、单酯和双酯上各一个 H^+ 所消耗的 NaOH 标准溶液体积；V_2 为磷酸和单酯上各一个 H^+ 所消耗的 NaOH 标准溶液的体积；V_3 是磷酸的一个 H^+ 所消耗的 NaOH 标准溶液体积。

其反应过程如下：

$$2Na_2HPO_4 + 3CaCl_2 \longrightarrow Ca_3(PO_4)_2 + 4NaCl + 2HCl$$

$$HCl + NaOH \underset{V_3}{\longrightarrow} NaCl + H_2O$$

3.4.5 最优反应条件的确定

将实验室自制的脂肪酸二乙醇酰胺倒入干净的三颈烧瓶中，在加热套中加热并不断搅拌，将用分散剂分散了的定量 P_2O_5 分多次加入反应容器中，在一定温度下反应，反应结束后加入 2% 左右的蒸馏水，在 70℃ 左右水解 2 h，对产物进行减压蒸馏，取样对产物进行分析。

3.4.5.1 正交试验

影响磷酸化反应的主要影响因素有投料比（酰胺与 P_2O_5 的摩尔比）、反应温度、反应时间，为使酯化率提高，并增加产物中双酯的含量，本试验选用正交试验对脂肪酸二乙醇酰胺磷酸酯的合成条件进行了优化。因素水平表及正交试验结果见表 3.8 和表 3.9。

表 3.8　因素水平表

水平	因素		
	A（投料比）	B（反应温度）	C（反应时间）
1	1	60	2
2	1.5	70	3
3	2	80	4

表 3.9　正交试验安排

实验号	A	B	C	双酯 /%	单酯 /%	总酯 /%	游离磷酸 /%
1	1	1	1	41.3	39.9	81.2	10.3
2	1	2	2	45.4	35.0	80.4	9.6
3	1	3	3	43.1	36.0	79.1	11.4
4	2	1	2	39.5	45.4	84.9	4.8
5	2	2	3	41.5	49.6	91.1	3.1
6	2	3	1	40.1	46.1	86.2	5.9
7	3	1	3	33.6	46.8	80.4	7.4
8	3	2	1	37.3	48.3	85.6	6.9
9	3	3	2	32.8	45.7	78.5	8.9

3.4.5.2　数据分析

对于以上试验结果进行相关分析，结果如表 3.10 至表 3.15 所示。

表 3.10　试验结果分析（总酯）

k	总酯 /%		
	A	B	C
k_1	80.233	82.167	84.333
k_2	87.400	85.700	81.267
k_3	81.500	81.267	83.533
R	7.167	4.433	3.066

表 3.11　方差分析表（总酯）

因素	偏差平方和	自由度	F 比	F 临界值	显著性
投料比	87.776	2	1.938	5.140	—
温度	32.949	2	0.727	5.140	—
时间	15.182	2	0.335	5.140	—
误差	135.91	6	—	—	—

表 3.12　试验结果分析（双酯）

k	双酯 /%		
	A	B	C
k_1	43.267	38.133	39.567
k_2	40.367	41.400	39.233
k_3	34.567	38.667	39.967
R	8.700	3.267	0.334

表 3.13　方差分析表（双酯）

因素	偏差平方和	自由度	F 比	F 临界值	显著性
投料比	87.776	2	1.938	5.140	—
温度	32.949	2	0.727	5.140	—
时间	15.182	2	0.335	5.140	—
误差	135.91	6	—	—	—

表 3.14　试验结果分析（磷酸）

k	磷酸 /%		
	A	B	C
k_1	10.433	7.500	7.433
k_2	4.600	6.533	7.767
k_3	7.733	8.733	7.300
R	5.833	2.200	0.467

表 3.15　方差分析表（磷酸）

因素	偏差平方和	自由度	F 比	F 临界值	显著性
投料比	51.136	2	2.608	5.140	—
温度	7.296	2	0.307	5.140	—
时间	0.382	2	0.019	5.140	—
误差	58.81	6	—	—	—

由以上分析可以看出，各因素对酰胺酯化率（总酯含量）、双酯含量、游离磷酸含量的影响大小顺序均为：投料比、反应温度、反应时间，当投料比取 1.5 : 1 时，产物中的总酯含量最高，此时的双酯含量虽与投料比 1 : 1 时相比稍低，但差别不大，考虑到此时游离磷酸最少，因此确定投料比为 1.5 : 1；当酯化温度为 70℃时，总酯、双酯含量最高而磷酸最低，因此可确定酯化温度为 70℃；在所选范围内，试验对结果的影响不明显，因此从节约能源、提高效率的角度考虑，可确定反应时间为 2 h。试验所得到的产物为棕色膏状物，如图 3.10 所示。

图 3.10　试验产物

3.4.6　产物的表征

对产物用红外光谱进行了表征，其谱图见图 3.11。

如图 3.11 可见，1 624.00 cm⁻¹ 处为酰胺基中 C＝O 伸缩振动吸收峰，1 074.21 cm⁻¹ 处为脂肪胺 C—N 弯曲振动吸收峰，2 900 cm⁻¹ 附近有两个峰，为脂肪族饱和烃 C—H 伸缩振动吸收峰，1 458.23 cm⁻¹ 处为 CH₃、CH₂ 中 C—H 弯曲振动吸收峰，984.05 cm⁻¹ 处为 C—O—P 的吸收峰，由此证实了产物结构与脂肪酸酰胺磷酸酯相符。

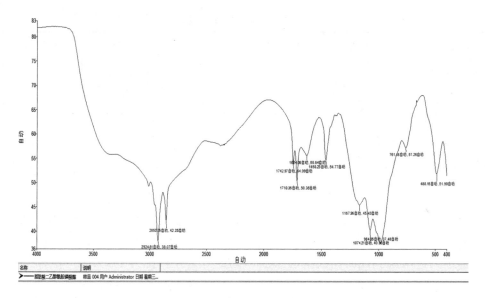

图 3.11　产物红外光谱图

3.5　脂肪酸酰胺磷酸酯应用于金属切削液的研究

3.5.1　金属切削液介绍

金属切削液是金属切削加工中使用最多的润滑剂，实践证明，金属切削液在金属切削加工中具有重要的作用，选用合适的金属切削液，能降低区域温度 $60 \sim 150℃$，减少摩擦 $15\% \sim 30\%$，降低工件表面粗糙度 $1 \sim 2$ 个级，并能大大延长刀具的使用寿命。具体来说，有以下几方面的作用：润滑作用、防锈作用、清洗作用、冷却作用、环保作用。

当然，金属切削液的以上作用并不是完全孤立的，它们有着对立统一性。例如切削油的润滑、防锈性较好，但冷却、清洗性较差；水基切削液的冷却、清洗性较好，但防锈、润滑性能较差。而一款优质的切削液应该具有良好的综合性能，在多种工况中均能适用。

3.5.2　试验试剂和设备

3.5.2.1　试验试剂

本试验用到的试剂有：脂肪酸二乙醇酰胺磷酸酯，自制；脂肪酸二乙醇酰胺，自制；基础油 150SN，茂名炼油厂；吐温 60，成都市科龙化工试剂厂；司班 60，成都市科龙化工试剂厂；油酸，重庆川东化工（集团）有限公司化学试剂厂；硬脂酸锌酯，重庆川东化工（集团）有限公司化学试剂厂；三乙醇胺，重庆川东化工（集团）有限公司化学试剂厂；二甲基硅油，重庆川东化工（集团）有限公司化学试剂厂；苯甲酸钠，重庆川东化工（集团）有限公司化学试剂厂；L57 型酚类抗氧剂，Ciba 添加剂公司。

3.5.2.2　试验设备

本试验所用的主要仪器及设备的名称、型号及生产厂商见表 3.16。

表 3.16　试验设备

仪器	生产厂家
烧杯、玻璃棒、具塞量筒、温度计、玻璃干燥器、锥形瓶等玻璃仪器	蜀山玻璃仪器有限公司
85-2 型磁力加热搅拌器	金坛市易晨仪器制造有限公司
恒温干燥箱	上海圣欣科学仪器有限公司
FA2104N 电子天平	上海民桥精密科学仪器有限公司
MS-800 型四球机	济南试验机厂

3.5.3　基础油的选择

在乳化型金属切削液配方中，基础油是最基本也是最重要的组成成分，它主要起润滑油作用，同时还是配方中油溶性添加剂的载体。乳化性切削液是水包油型（O/W）乳化液，基础油作为其中的分散相，对最终配制的切削液性能影响很大。

作为切削液基础油的油品其黏度不宜过高或过低，黏度过高会使乳化过程变得困难，而黏度过低则会影响切削液的润滑性能，适宜的黏度（40℃）范围为 20 ~ 30 mm^2/s。同时从切削液储存和运输的安全性考虑，所选用基础油闪点不宜过高。本试验中，选用 150SN 润滑油作为乳化切削液基础油，其性能满足上述要求，且其成分中包含环烷基组分，这将有利于提高乳化稳定性，减少乳化剂用量。150SN 的基本特性及组成如表 3.17 所示。

3.5.4　溶解性测试

为考察试验所合成的烷醇酰胺磷酸酯在基础油中的溶解性，将不同剂量（质量分数）的产物加入基础油中，搅拌加热至 60℃，完全溶解后在常温下静置 24 h，通过目测法观察其溶解性，如表 3.18 所示。

表 3.17　150SN 基本特性及组成

项目	数值
密度 / （kg·m^{-3}）	864.3
运动黏度（40℃）/ （mm^2·s^{-1}）	28.9
饱和烃含量 /%	88.20
芳烃含量 /%	11.29
极性物含量 /%	0.51

表 3.18　油溶性能测试

添加量	0.5%	1%	3%	5%	8%
油品	均匀、透明	均匀、透明	均匀、透明	均匀、透明	均匀、微浑

注：此处及下文中的质量分数均指添加物占基础油质量的比重。

由测试结果可以看出，实验所制备的脂肪酸二乙醇酰胺磷酸酯具有较好的油溶性。这是由于其分子结构中包含的非极性基团（长链烷基，酯基）的相对分子质量远大于其中的极性基团（酰胺基），导致其亲油 / 亲水平衡值（HLB 值）较小的缘故。

3.5.5　基础油乳化最佳 HLB 值的确定

HLB 值即亲水 / 亲油平衡值，它反映的是表面活性剂分子中亲水基和亲油基之间的大小和力量平衡程度。在乳化液中，当乳化剂 HLB 值与被乳化油的 HLB 值相近时，能极大地减小油 / 水界面的张力，从而使乳化液更加稳定。因此，在选择乳化剂之前要知道被乳化油的 HLB 值。

本试验采用组合乳化剂法测定了基础油 150SN 的 HLB 值，步骤为：采用一对 HLB 值相差较大的乳化剂，将它们按不同配比配制成一系列具有不同 HLB 值的混合乳化剂，再利用它们分别乳化指定的油－水体系，将所得乳化液（5% 稀释液）静置一段时间后，观察其稳定状况，其中最好的那组所用混合乳化剂的 HLB 值即为基础油乳化所需的 HLB 值。通过查阅相关文献，将混合指示剂 HLB 值的配制范围确定为 10～13。本试验中选用的组合乳化剂分别为吐温 60（HLB 值 14.9）和司班 60（HLB 值 4.7），试验数据及结果见表 3.19。

从试验结果可以看出，当混合乳化剂 HLB$_{ab}$ 值达到约 12.0 时，可以得到完全乳化的乳化液。据此可估计乳化基础油 150SN 所需乳化剂的最佳 HLB 值约为 12.0。同时可确定主乳化剂吐温与司班的质量配比约为 72∶28。

表 3.19　HLB 值测定

混合乳化剂组成	HLB$_{ab}$ 值	乳化液状态（12 h）
52.0% 吐温 60+48.0% 司班 60	10.0	有油层
56.9% 吐温 60+43.1% 司班 60	10.5	有油层
61.8% 吐温 60+38.2% 司班 60	11.0	有油层
66.7% 吐温 60+33.3% 司班 60	11.5	有油层
71.6% 吐温 60+28.4% 司班 60	12.0	皂化层 1.0 mL
76.4% 吐温 60+23.6% 司班 60	12.5	皂化层 2.5 mL
81.4% 吐温 60+18.6% 司班 60	13.0	皂化层 4.0 mL

注：混合乳化剂 HLB$_{ab}$=HLB$_a$+ HLB$_b$，每组乳化剂总加剂量占乳化油质量的 20%。

3.5.6　乳化剂的选择

3.5.6.1　乳化剂的选择

由以上试验看以看出，采用吐温 - 司班组合乳化剂的乳化效果较好，因此考虑直接采用该剂作为切削液的主乳化剂，并测定了混合乳化剂按上述最佳比例在不同加剂量下的乳化效果，结果如表 3.20 所示。

表 3.20　乳化剂不同加剂量下的乳化效果

组号	乳化剂加剂量（质量分数）	乳化效果
1	基础油	不乳化
2	基础油 +5% 乳化剂	部分乳化
3	基础油 +10% 乳化剂	部分乳化
4	基础油 +15% 乳化剂	完全乳化
5	基础油 +20% 乳化剂	完全乳化

注：部分乳化指乳化液中含有少量油层。

在乳化液的制备过程中，一般不单独使用一种乳化剂，而是将多种乳化剂复合使用，这样可以提高乳化效率，而且扩大乳化范围。本节中除了选用吐温 60、司班 60 混合作为主乳化剂外。由前期试验制得的脂肪酸二乙醇酰胺具有一定的乳化效果，同时还具有很好的防锈以及抗硬水能力，因此还选取其作为副乳化剂。

为考察脂肪酸二乙醇酰胺与吐温 60、司班 60 混合剂的复配效果，本节针对第 3 组（10% 乳化剂添加量）试验测试了在添加不同量脂肪酸二乙醇酰胺的情况下，油液的乳化情况，结果见表 3.21。

表 3.21　脂肪酸二乙醇酰胺添加量对乳化液的影响

组号	酰胺加剂量（质量分数）	乳化液
1	1%	部分乳化
2	2%	完全乳化
3	3%	完全乳化
4	4%	完全乳化
5	5%	完全乳化

由试验结果可以看出，脂肪酸二乙醇酰胺与吐温 60、司班 60 混合剂具有良好的复配效果，在添加量达到 2% 时，能使原本部分乳化的乳液变成完全乳化，而且还能一定程度地减小主乳化剂的总使用量。出现这种情况可能是因为脂肪酸二乙醇酰胺显示了阴离子表面活性剂的特性，而在乳化体系中，非离子型表面活性剂与阴离子型表面活性剂的复合使用可以提高乳化效率，在较小添加量即能使乳化液更加稳定。

3.5.6.2　助剂的选择

在乳化系统中，往往需要加入一定量的助剂来促进乳化，同时使乳液更加稳定以防止析出大量的皂化物而使乳化液分层。三乙醇胺是一种常用的乳化助剂，它具有助乳化效果好，复配性能优良的特点，同时还具有一定的润滑和防锈性能。本试验发现当其添加量增至 3% 时，能使乳化液变得更稳定，但其加量不是越多越好，过量的加入会出现破乳现象。试验结果见表 3.22。

表 3.22　三乙醇胺加量对乳化液的影响

加量（质量分数）	1%	2%	3%	4%
乳化情况	不稳定	不稳定	稳定	破乳

3.5.6.3　与自制脂肪酸酰胺磷酸酯的适应性

另外，由于本试验是针对自制脂肪酸酰胺磷酸酯来配制一种乳化型切削液，因此在选择满足乳化要求的乳化剂时，还要考虑到乳化剂与脂肪酸酰胺磷酸酯的适应性。为此，本节还考察了在添加了不同量自制脂肪酸酰胺磷酸酯的基础油中，所选乳化剂的乳化效果，结果见表 3.23。

表 3.23　乳化剂与磷酸酯适应性

组号	磷酸酯添加量（质量分数）	乳化液
1	2%	稳定
2	4%	稳定
3	6%	稳定
4	8%	稳定

由以上结果可以看出，所选乳化剂及助剂与自制脂肪酸酰胺磷酸酯的适应性良好，在基础油添加磷酸酯前后，均能得到稳定的乳化液。

综合以上试验结果，试验所制切削液的乳化剂组合可确定为：吐温 60、司班 60、脂肪酸二乙醇酰胺、三乙醇胺。

3.5.7　极压抗磨性试验

极压抗磨性是切削液最为重要的性能之一，在切削加工过程中，切削刀具与被加工工件之间不可避免地要发生持续性的挤压和摩擦，会造成加工工件的局部形变，降低加工精度，同时由摩擦产生的高温还会对切削刀具造成一定的损伤，如退火、变暗、烧伤等，极大影响了经济效果并降低了工作效率。因此，极压抗磨剂成分的确定对于切削液的性能起了十分关键的作用。金属加工工业中常用的传统极压抗磨添加剂中含有大量的 S、Cl 元素，其可降解性能差，对环境会造成一定程度的污染。为解决传统添加剂对环境不友好的问题，本试验中，选用自制的润滑油添加剂 —— 脂肪酸二乙醇酰胺磷酸酯作为切削液的极压抗磨剂，测定了其相关的极压抗磨指标。

3.5.7.1　脂肪酸二乙醇酰胺磷酸酯极压抗磨剂作用机理

脂肪酸酰胺磷酸酯分子中酰胺基中的 N 元素可以充当配位体与 Fe 形成螯合物，同时磷酸酯能与溶液中的金属离子发生螯合作用在金属表面生成沉淀膜。据 Folme 等的研究，分子中酰胺键的存在能够使分子之间更容易形成氢键，使该层沉淀膜的强度大大增加，但该层膜的覆盖面有限，不能完全覆盖金属表面。不过由于分子中还含有醇胺结构，它可在磷酸酯之间起到互补的效果，使膜的强度和完整性得到很大提升。这类脂肪酸酰胺的酯化物正因为有了这种独特的结构，才具有良好的润滑性能。

3.5.7.2 极压抗磨性能测试

极压抗磨性实验室在济南试验机厂生产的 MS-800 型高速四球机（图 3.12）上进行的。试验方法参照《润滑剂承载能力的测定　四球法》（GB/T 3142—2019）方法。主要评价了切削液的最大无卡咬负荷（值）以及烧结负荷（值）和长时磨斑直径（WSD）。试验条件：转速 1 450 r/min，室温，长磨时间 30 min，载荷 392 N。所用钢球为上海钢球厂生产的直径 12.7 mm 的二级 GCrl$_5$ 钢球，硬度为 HRC59-61。

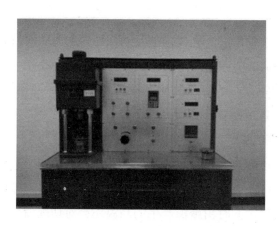

图 3.12　四球机

（1）脂肪酸二乙醇酰胺磷酸酯对乳化油润滑性能的影响。

将自制脂肪酸二乙醇酰胺磷酸酯以 2% 的质量分数加入乳化基础油中，按照国标《润滑剂承载能力的测定　四球法》（GB/T 3142—2019）的方法，测定其对切乳化油最大无卡咬负荷（P_B）和烧结负荷（P_D）的影响，如表 3.24 所示。

表 3.24　添加磷酸酯前后乳化油 P_B、P_D 值变化表

化合物	P_B	P_D
未添加	510 N	880 N
添加 2% 磷酸酯	568 N	1 569 N

可以看出加入磷酸酯能够在一定程度上提升乳化油的最大无卡咬负荷（P_B）和烧结负荷（P_D），证实了本试验所制备的脂肪酸二乙醇酰胺磷酸酯具有一定的极压抗磨性能。

通过改变磷酸酯的添加量，观察其对切削液最大无卡咬负荷及烧结负荷的影响。

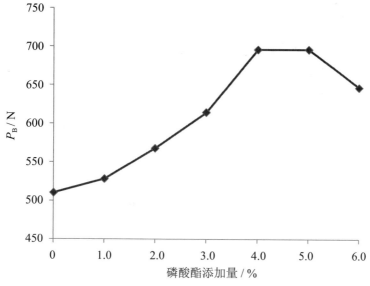

图 3.13　不同磷酸酯添加量下油品 P_B 的变化

由图 3.13 可以看出，随着磷酸酯添加量的增加，乳化油的 P_B 值先不断增大，当添加量达到 4% 时可取得最大值（696 N）。在此基础上继续增加磷酸酯添加量，油品的 P_B 值反而有所下降，这可能是磷酸酯的过量加入对基础油自身的润滑特性产生了影响的原因。

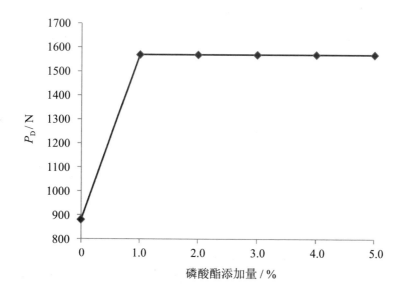

图 3.14　不同磷酸酯添加量下油品 P_D 的变化

由图 3.14 可以看出，磷酸酯的加入可以显著提高乳化油的 P_D，且加入极少量的情况下就有明显的效果，不过当添加量达到 1% 以后，继续增大添加量，乳化油几乎没有变化（均为 1 569 N）。

（2）脂肪酸二乙醇酰胺磷酸酯添加量对四球磨斑直径的影响。

固定四球载荷，观察四球在不同磷酸酯添加量下其相应磨斑直径的变化情况。

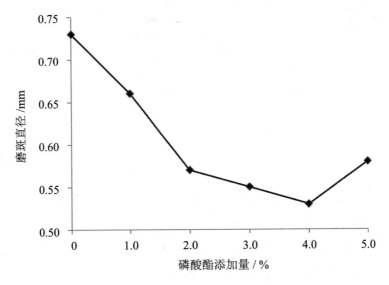

图 3.15　不同磷酸酯添加量下钢球磨斑直径变化

由图 3.15 可以看出，随着磷酸酯添加量的增加，钢球的磨斑直径先不断减小，当添加量达到 4% 时可取得最小值（0.53 mm）。在此基础上继续增加磷酸酯添加量，钢球的磨斑直径变化不大甚至略有增大。

将实验室自制脂肪酸二乙醇酰胺磷酸酯与传统含磷添加剂 T306 的极压抗磨效果进行对比，结果见表 3.25。

表 3.25　产物与 T306 极压抗磨效果对比

油样	P_B / N	P_D / N	d_{30min}^{392N} /mm
乳化油	510	880	0.73
乳化油 +4% T306	618	1 569	0.72
乳化油 +4% 磷酸酯	696	1 569	0.53

由表 3.25 可以看出，自制脂肪酸二乙醇酰胺磷酸酯较传统含磷极压抗磨添加剂 T306 有更好的极压抗磨效果，能够一定程度地提高油品的抗烧结负荷（P_B），

并显著改善了油品的抗磨效果。在同为最佳添加量的情况下，使用自制脂肪酸酰胺磷酸酯的一组较使用 T306 的一组相比，所得乳化油 P_B 值提高了约 12.6%。

3.5.7.3　与油性剂复合效果

极压剂与油性剂的复合使用可以大大增强切削液的润滑效果，因此，本章还考察了自制脂肪酸二乙醇酰胺磷酸酯与两种不同类型油性剂（1. 油酸，2. 硬脂酸辛酯）在乳化油中的复配使用情况，如表 3.26 所示。

表 3.26　与油性剂复合试验结果

编号	添加剂 /%			P_B/N	P_D/N	d_{30min}^{392N} /mm
	极压剂	油性剂 -1	油性剂 -2			
1	4%	—	—	696	1 569	0.53
2	4%	1%	—	722	1 569	0.27
3	4%	2%	—	738	1 569	0.29
4	4%	3%	—	750	1 569	0.27
5	4%	4%	—	755	1 569	0.27
6	4%	5%	—	746	1 569	0.28
7	4%	—	1%	696	1 569	0.32
8	4%	—	2%	704	1 569	0.30
9	4%	—	3%	719	1 569	0.33
10	4%	—	4%	700	1 569	0.33
11	4%	—	5%	709	1 569	0.35

从以上测试结果可以看出，油性剂的加入可以显著提高切削液的抗磨效果，长时磨斑直径可减少约 50%（从 0.53 mm 减小至 0.27 mm），并使油品的值有一定程度的提高。通过对两类不同油性剂的添加效果对比，其中脂肪酸类油性剂与自制脂肪酸酰胺磷酸酯的配合使用效果更好，且油性剂在添加量为 4% 时，可获得最好的极压抗磨效果。

3.5.8　防锈性试验

3.5.8.1　脂肪酸二乙醇酰胺磷酸酯防锈机理

（1）烷醇酰胺磷酸酯分子结构。

烷醇酰胺磷酸酯的分子结构具有不对称性，是由酰胺、醇羟基和磷酸三种极性基团和 C、H 构成的非极性基团组成的。其中酰胺基对金属有很强的亲和力；非极性基团为烃基，与油分子结构相似因此对油有很强的亲和力。当将添加有油溶性缓蚀剂的防锈油涂抹到金属表面时，防锈油中的缓蚀剂会发生热运动：由于金属表面是极性的，而基础油是非极性的，因此烷醇酰胺中的极性基团会有逃逸出油层而靠近金属表面的趋势，而烷醇酰胺分子中的烃基结构则会有插入油中的趋势，这样一来，烷醇酰胺分子就在金属与油层接触面上形成了定向吸附。

（2）与基础油的配合作用。

第一部分在金属表面形成致密的定向吸附层，其中非极性基团朝向基础油，极性基团朝向金属表面，该吸附层能有效阻止外界有害物质对金属表面的侵蚀。

第二部分以分子状态存在于基础油中，可以修复和补充金属表面的缓蚀剂分子吸附层。

第三部分在基础油中以胶体形式存在，它的作用有两个方面，一是补充基础油中分散状态的缓蚀剂分子，二是收捕从金属表面置换出来的水分、人汗，并溶于胶束中，防止其对金属表面的腐蚀，从而进一步增强油品的防锈性。

3.5.8.2 防锈性测试

在本试验中，参照《乳化油》（SH/T 0365—1992）考察了自制脂肪酸酰胺磷酸酯对不同金属试片的防锈性能。本实验采用了单片、叠片法进行测试，方法及结果如下所述。

（1）润湿槽准备。准备一个干燥器，在其底部注入一定量的蒸馏水，盖上隔板（不要堵孔），将进行试验的试片放入，磨光面朝上。将所制脂肪酸二乙醇酰胺磷酸酯以 2% 的添加量加入到乳化油中，并稀释成 5% 浓度的乳化液。所选试片使用前需要经过磨光、洗涤处理。

（2）单片试验试片准备。用玻璃棒蘸取试液，在试片上按梅花状滴上 5 滴。

（3）叠片试验试片准备。用滴管吸取一定量的乳化液，滴在一块试片的磨光面上，然后，再用另一块试片的磨光面重叠其上（注意使试片上、下片对齐，以防两试片滑开，造成试验误差）。

（4）试验操作。将进行试验的试片置入润湿槽，合上干燥器盖，置于已恒温到 35℃ ±2℃ 的恒温箱内，连续试验，到规定时间，打开试片，用脱脂棉蘸取无水乙醇擦除试液，立即观察。

（5）结果判定。单片试验中，合格试片应光亮如初；叠片试验中，合格试片应该在距试片边缘 1 mm 以内两叠面，无锈蚀或无明显叠印。试验结果见表 3.27。

表 3.27　防锈时间表

试验	试片种类	防锈时间（含磷酸酯）	防锈时间（不含磷酸酯）
单片	铸铁片	48 h	24 h
	钢片	48 h	24 h
叠片	铸铁片	12 h	6 h
	钢片	8 h	6 h

由以上结果可以看出，自制脂肪酸二乙醇酰胺磷酸酯的加入能够提高切削液的防锈性能。

3.5.9　其他试验

3.5.9.1　腐蚀性试验

参照 SH/T 0365—1992，测试了基础油在添加自制磷酸酯型挤压抗磨剂前后对试片的腐蚀效果。

步骤：利用上一步防锈性试验中配制的乳化液为反应液并置于水浴锅中，将不同种类的试片磨光、洗涤后投入其中，并使液面高于试片顶端。在水浴锅中加热，使其在 552℃下进行恒温反应，实验期满后取出试片，用脱脂棉蘸取无水乙醇后擦拭试片表面后，观察。

判断：铸铁、钢片按一、二、三、四级（一级光亮、二级失光、三级轻锈、四级重锈）评定，一、二级为合格；铜片按一、二、三、四级（一级光亮、二级轻微、均匀变色、三级中变色、四级重变色）评定，一、二级为合格。腐蚀试验结果见表 3.28。

表 3.28　腐蚀试验结果

试片种类	合格时间	标准
铸铁	36 h	24 h
钢	24 h	24 h
铜	8 h	—

注：SH/T 0365—1992 中，对铜片的合格腐蚀时间根据切削液种类的不同而改变。

结果显示，加入自制脂肪酸二乙醇酰胺磷酸酯后，各类型试片在切削液中的腐蚀时间均达到了标准，检验结果合格，说明自制的脂肪酸二乙醇酰胺磷酸酯的加入未对基础油的抗腐蚀性能产生了促进作用。

3.5.9.2 抗泡性试验

金属加工中泡沫的存在会对加工过程产生不利影响,泡沫的存在能导致虚假液面,同时使流体流动变复杂,冷却能力降低。泡沫本身为两相系统,它是由大量的气体和极少量的液体组成的。球形气泡较多面体气泡稳定。要减少气泡的生成就需降低液体膜的表面自由能,通常可以通过向润滑液中加入消泡剂。

由于乳化基础油中含有一定量具有起泡能力的表面活性剂(如脂肪酸酰胺),因此不可避免地将会对油品的抗泡性产生一定影响,试验中也发现当加入添加剂振荡摇匀后,油品中会产生少量泡沫,且需要较长时间才能完全消除。因此为提升油品抗泡性改善油品的使用性能,需要向油品中添加一定量的抗泡剂。

本章参照《润滑油泡沫特性测定法》(GB/T 12579—2002)进行了试验,步骤如下:试样在24℃时,用恒定流速的空气吹气 5 min,然后静止 10 min。在每个周期结束时,分别测定试样中泡沫的体积。取第二份试样,在93.5℃下进行试验,当泡沫消失后,再在24℃下进行重复试验。本章中选用二甲基硅油作为抗泡剂,并通过试验发现在微量的添加量下(浓度为 5×10^{-5} mol/L 左右)能取得很好的抗泡效果。

3.5.10 切削液最优配方的确定

由于切削液是一个混合体系,其中的添加剂除了独自起作用外,不同添加剂之间还可能发生交互作用,产生复配效果。为考察不同添加剂一起加入后切削液的综合性能,需要进行全配方试验,并对试验结果进行评定,以期得到最优组合。

3.5.10.1 模糊综合评价法简介

影响切削液综合性能的因素包括了润滑性、防锈性、防腐蚀性、pH 值等,而每个因素对综合性能的影响又具有不确定性,因此可以采用模糊综合评价法对其综合性能进行评价。

模糊综合评价法是一种基于模糊数学的综合评标方法。该综合评价法根据模糊数学的隶属度理论把定性评价转化为定量评价,即用模糊数学对受到多种因素制约的事物或对象做出一个总体的评价。它具有结果清晰、系统性强的特点,能较好地解决模糊的、难以量化的问题,适合各种非确定性问题的解决。该法分为单层次模糊综合评价和多层次模糊综合评价,在本章中,采取单层次模糊综合评价法来确定切削液的最优配方。

在单层次模糊综合评价法中,主要包括以下几个基本要素:

（1）因素集，即对结果可能产生影响的所有因素的集合，记为：$U = \{u_1, u_2, \cdots, u_n\}$。

（2）因素权重集，即根据各因素对最终结果的影响程度，赋予其一定的权值，记为：$A = \{a_1, a_2, \cdots, a_n\}$，且 $\sum_{i=1}^{n} a_i = 1$。各因素影响程度可通过查阅资料或通过经验确定。

（3）评价集，即对各方案的评价所形成的集合，记为：$V = \{v_1, v_2, \cdots, v_m\}$；而通过模糊综合评价的结果，记为 $B = \{b_1, b_2, \cdots, b_m\} \in F(v)$。

对于任一因素，都有模糊映射，$f : u_i \to \overline{f}(u_i) \triangleq (r_{i1}, r_{i2}, \cdots, r_{in}) \in F(v)$，并由此可得出其模糊变换矩阵

$$R \triangleq \begin{bmatrix} r_{11} & r_{12} & \cdots & r_{1n} \\ r_{21} & r_{22} & \cdots & r_{2n} \\ \vdots & \vdots & \ddots & \vdots \\ r_{n1} & r_{n2} & \cdots & r_{nm} \end{bmatrix}$$

由以上要素，可以得出一个综合评价模型 (u, v, R)，同时可以输出一个评价结果：$B = A \cdot R = (b_1, b_2, \cdots, b_m) \in F(v)$，即

$$(b_1, b_2, \cdots, b_m) = (a_1, a_2, \cdots, a_n) \begin{bmatrix} r_{11} & r_{12} & \cdots & r_{1n} \\ r_{21} & r_{22} & \cdots & r_{2n} \\ \vdots & \vdots & & \vdots \\ r_{n1} & r_{n2} & \cdots & r_{nm} \end{bmatrix}$$

所计算出的评价结果 $(b_1, b_2, \cdots, b_m)$ 中，最大值 b_{max} 所对应的方案即为最佳方案。

3.5.10.2　全配方正交试验

本章合成的切削液中，起主要作用的添加剂有四种：吐温－司班混合乳化剂（A）、脂肪酸二乙醇酰胺（B）、脂肪酸二乙醇酰胺磷酸酯（C）、油酸（D）。根据前文中的试验可以大致确定其各自的加量范围，并据此安排了 $L_9(3^4)$ 正交试验，因素水平表及试验安排见表 3.29 和表 3.30。

表 3.29　因素水平表

水平	因素			
	A/%	B/%	C/%	D/%
1	9	1	4	3

续表

水平	因素			
	A/%	B/%	C/%	D/%
2	10	2	5	4
3	11	3	6	5

表 3.30　正交试验安排

编号	A	B	C	D
1	9	1	4	3
2	9	2	5	4
3	9	3	6	5
4	10	1	5	5
5	10	2	6	3
6	10	3	4	4
7	11	1	6	4
8	11	2	4	5
9	11	3	5	3

3.5.10.3　试验结果及评定

本章中对所配制切削液的几种主要性能指标进行了测定，它们包括润滑性、防锈性（叠片）、腐蚀性以及 pH 值，试验结果见表 3.31。

表 3.31　试验结果

编号	润滑性/N	防锈性/h（铸铁叠片）	腐蚀性/h		pH 值
			钢	铜	
1	658	10	A	C	7.5
2	728	8	A	B	7.8
3	700	8	B	B	8.3
4	715	12	A	C	7.6
5	709	10	B	B	7.9

续表

编号	润滑性 /N	防锈性 /h（铸铁叠片）	腐蚀性 /h		pH 值
			钢	铜	
6	695	16	B	A	8.2
7	696	12	A	C	7.8
8	685	6	A	D	7.7
9	702	8	A	B	8.0

由于测试结果中各项指标的量纲不相同，为了便于统一分析，必须对它们进行归一化处理，本章采用打分的方式，将不同量纲统一为评分数。以下是各指标的评分规则：

润滑性：将 P_B 值最大（第 5 组）的一组评分为 100 分，其他各组每减少 1 N 扣除 0.5 分。

防锈性：将防锈时间最长（第 6 组）的一组评分为 100 分，其他各组每减少 2 h 扣 10 分。

腐蚀性：按照 SH/T 0365—1992 进行腐蚀试验（钢片 24 h，铜片 8 h），观察试片腐蚀程度。A（一级）、B（二级）、C（三级）、D（四级）四个等级，评分分别为：100 分、80 分、60 分、40 分。

pH 值：由于 SH/T 0365—1992 中规定的 pH 范围为 7.5 ~ 8.5，因此以 pH = 8 为 100 分，每隔 0.5 扣 40 分。

评分结果见表 3.32。

表 3.32　评分结果

编号	润滑性	防锈性（铸铁叠片）	腐蚀性		pH 值
			钢	铜	
1	65	70	100	60	60
2	100	60	100	80	84
3	86	60	80	80	76
4	93.5	80	100	60	68
5	90.5	70	80	80	92

编号	润滑性	防锈性（铸铁叠片）	腐蚀性		pH 值
			钢	铜	
6	83	100	80	100	84
7	83.5	80	100	60	84
8	78.5	50	100	40	76
9	87	60	100	80	100

3.5.10.4 最优配方的确定

依照前文介绍的单层次模糊评价法，可知该评判系统的因素集为

$U = \{u_1, u_2, \cdots, u_n\} = \{$润滑性，防锈性，钢片腐蚀，铜片腐蚀，pH 值$\}$

根据各因素对切削液质量的重要程度，对其各自赋予相应的权重系数，具体赋值情况见表 3.33。

表 3.33 权重系数

因素	润滑性	防锈性	钢片腐蚀	铜片腐蚀	pH 值
权重系数	0.25	0.25	0.1	0.1	0.15

因素权重系数集 $A = \{a_1, a_2, \cdots, a_n\} = \{0.25, 0.25, 0.1, 0.1, 0.15\}$。

依照前文正交试验及评分结果，可以得到其因素评价矩阵：

$$\boldsymbol{R} = \begin{Bmatrix} 65 & 100 & 86 & 93.5 & 90.5 & 83 & 83.5 & 78.5 & 87 \\ 70 & 60 & 60 & 80 & 70 & 100 & 80 & 50 & 60 \\ 100 & 100 & 80 & 100 & 80 & 80 & 100 & 100 & 100 \\ 60 & 80 & 80 & 60 & 80 & 100 & 60 & 40 & 80 \\ 60 & 84 & 76 & 68 & 92 & 84 & 84 & 76 & 100 \end{Bmatrix}$$

可以计算出综合评判结果：

$$\boldsymbol{B} = \boldsymbol{A} \cdot \boldsymbol{R}$$

$$= \{0.25, 0.25, 0.15, 0.15, 0.2\} \begin{Bmatrix} 65 & 100 & 86 & 93.5 & 90.5 & 83 & 83.5 & 78.5 & 87 \\ 70 & 60 & 60 & 80 & 70 & 100 & 80 & 50 & 60 \\ 100 & 100 & 80 & 100 & 80 & 80 & 100 & 100 & 100 \\ 60 & 80 & 80 & 60 & 80 & 100 & 60 & 40 & 80 \\ 60 & 84 & 76 & 68 & 92 & 84 & 84 & 76 & 100 \end{Bmatrix}$$

$$= \{69.750, 83.800, 75.700, 80.975, 82.525, 89.550, 81.675, 68.325, 83.750\}$$

从计算结果可以看出 $b_{max} = b_6$，即第 6 组试液取得了最高的综合评价值，据此，可以得到切削液的最优配方，如表 3.34 所示。

表 3.34　切削液（母液）配方

原料	加量 / 份	百分比
基础油 150SN	100	79.87%
自制脂肪酸二乙醇酰胺磷酸酯	4.0	3.19%
自制脂肪酸二乙醇酰胺	3.0	2.40%
吐温 60	7.2	5.75%
司班 60	2.8	2.24%
油酸	4.0	3.19%
三乙醇胺	3.0	2.40%
防腐剂	1.0	0.80%
酚类抗氧剂	0.2	0.16%
消泡剂	微量	微量

3.5.11　切削液综合性能测定

对切削液（图 3.16、图 3.17）的综合性能进行了测定，并与 SH/T 0365—1992 中的各指标进行了比较，结果如表 3.35 所示，试验所制切削液各指标均达到了国家标准。

表 3.35　切削液综合测定结果

项目	质量	SH/T 0365—1992 指标
油基外观	棕黄色半透明油液	棕黄至浅褐色半透明油液
乳化液 pH 值	8.2	7.5 ~ 8.5
乳化液安定性（15 ~ 35℃，24 h）	无油层，皂化层 0.5 mL	无油层，皂化层不大于 0.5 mL
乳化液防锈性（35±2℃，一级铸铁）	单片 48 h，叠片 16 h	单片 24 h，叠片 4 h
乳化液腐蚀性（55±2℃全浸）	钢 24 h，铜 10 h	钢 24 h，铜 4 h
乳化油 P_B 值	695 N	不小于 686 N
食盐允许量（15 ~ 35℃，4 h）	无相分离	无相分离
消泡性	10 min 后无泡沫	10 min 后不超过 2 mL

图 3.16　乳化油　　　　　　　　　　　　　图 3.17　乳化液

3.6　本章结论与展望

3.6.1　结论

　　餐饮废油含大量有机物，具有污染和回收利用双重性。在全球面临能源危机及环境污染日益严重的情况下，对餐饮废油进行合理回收利用，实现变废为宝，已被人们认识。

　　目前，餐饮废油已在制备生物柴油、化工原料等领域取得了一定的成果。本章探索了利用餐饮废油再生利用的新途径，即利用其制备了金属加工液添加剂。由于餐饮废油中主要成分为动植物油脂，其中含有大量脂肪酸基团，通过引入一些功能化基团对其进行改性，可以使其具有新的优良性能。与传统处理方法相比，废油利用率较高，而且所得产品具有很高的附加值。

　　本章以餐饮废油为对象，全面总结了餐饮废油再生利用的研究现状与进展，系统分析了利用餐饮废油制备切削液多效添加剂的可行性，采用单因素试验、正交试验以及多种分析方法得到脂肪酸酰胺磷酸酯的最优合成工艺，并对其各自进行了表征。同时，考察了产物在切削液中的使用效果，测试了其润滑性能、防锈性能、防腐蚀性能及抗泡沫性能等，并引用数学方法对其综合性能进行了评价，据此得到了切削液的全配方。其研究结果包括以下几个方面。

　　（1）首先根据餐饮废油成分的特点，分析其组成成分，确定了过滤—酸析—水洗—脱色的精制工艺，取得了较好的精制效果。同时，测定了精制油的相关理化性质（皂化值 186.2 mg/g、酸值 0.70 mgKOH/g、黏度 60.39、水分痕迹），并由皂化值估算了其相对分子质量为 903.87。

（2）对精制油采用酯交换法通过优化试验制备了脂肪酸甲酯。

（3）重点研究了交酯法制备脂肪酸二乙醇酰胺。

（4）采用 P_2O_5 为磷酸化试剂，制备了脂肪酸二乙醇酰胺磷酸酯，由于产物中主要组成为磷酸单酯、磷酸双酯以及游离磷酸，而其中以磷酸双酯的润滑性能更好。因此本章采用了正交试验来确定了最优反应条件，并通过电导法测定了每组产物中各组分的含量。由此得到的最优反应条件：投料比 1.5：1（P_2O_5 与酰胺摩尔比），反应温度 70℃，反应时间 2 h，再在 70℃下水解 2 h。

（5）着重研究了试验产物在切削液中的应用。通过分析，选择了具有较低黏度且具有环烷基结构的 150SN 为基础油，并对其 HLB 值进行了测定，结果为 12.0。确定了以吐温 60、司班 60 为主乳化剂，脂肪酸二乙醇酰胺为副乳化剂、三乙醇胺为助剂的乳化剂组合，且该复合乳化剂与自制脂肪酸二乙醇酰胺磷酸酯的适应性。同时测定了自制脂肪酸二乙醇酰胺磷酸酯的加入对切削液润滑性能、防锈性能、防腐蚀性能以及抗泡沫性能的影响。通过正交试验来确定切削液全配方组成，并引入单层次模糊综合评价法对实验结果进行分析，得到的最优配方：基础油 79.87%，自制脂肪酸二乙醇酰胺磷酸酯 3.19%，自制脂肪酸二乙醇酰胺 2.40%，吐温 60 5.75%，司班 60 2.24%，油酸 3.19%，三乙醇胺 2.40%，防腐剂 0.80% 以及微量抗泡剂。按照国标对自制乳化型切削液性能进行相关测试，所测指标均能满足国家标准。

3.6.2 展望

由于时间和条件等原因，本章还有一些工作需要进一步完善，对基于餐饮废油的切削液多效添加剂的合成及其应用还有待进一步研究。以下是将来还需重点完善的工作和进一步研究的方向：

（1）本章中对餐饮废油的精制采用的还是较为传统的方式，生成的废白土以及废水在一定程度上对环境产生了影响。

（2）本章采用的脂肪酸甲酯的产率计算方法有一定的局限性，且试验均在较小的量下进行，未进行扩大试验验证。

（3）因试验条件及时间有限，合成产物的表征方式有一定局限性。

（4）因试验条件及时间有限，未能考察各添加剂对切削液抗氧化性能以及生物降解性能的影响。

参考文献

[1] 胡宗智，彭虎成，赵小蓉，等．餐饮废油的回收利用研究进展 [J]. 中国资源综合利用，2009，27(1): 16-18.

[2] 刘超锋，林茹，孟庆乐．餐饮废油生产生物柴油简评 [J]. 精细石油化工，2007，24(5): 66-69.

[3] 王益民，毛小江，刘艳娟，等．餐饮业废油脂生产混凝土制品脱模剂的试验研究 [J]. 粮油加工，2008(6): 129-130.

[4] 魏正妍，尚雪岭．餐饮废油和柑橘皮制肥皂的工艺研究 [J]. 新乡学院学报（自然科学版），2010，27(4): 49-50.

[5] 梁芳慧，尹平河，赵玲，等．地沟油生产无磷洗衣粉的研究 [J]. 广东化工，2005 (9): 5-8.

[6] 汪习生，罗继权．餐饮泔水油及废动植物油下脚料深加工利用大有可为 [J]. 再生资源研究，2001 (3): 24-26.

[7] 俞路，章世元，林显华，等．餐饮泔水的合理利用 [J]. 养殖技术顾问，2007(7): 35.

[8] 张威，孙根行．利用泔水油合成菜油脂肪酰胺丙基．二甲基胺 [J]. 地球科学与环境学报，2004，26(9): 92-94.

[9] 付蕾，王同乐，刘军海．利用废油脂制备钠基润滑脂的初步研究 [J]. 广州化工，2010，38(9): 93-95.

[10] 刘伟，张天胜．利用废油脂制备高滴点锂基润滑脂的研究 [J]. 润滑油，2005，20(3): 27-29.

[11] 苏有勇，张无敌，戈振扬，等．餐饮业废油制备生物柴油的研究 [J]. 中国油脂，2006，31(11): 64-68.

[12] 周星，陈立功，李新亮，等．离子液体 [SO_3H-Bmim][HSO_4] 催化餐饮废油制备生物柴油 [J]. 后勤工程学院学报，2010，26(5): 28-32.

[13] 李臣，刘玉环，罗爱香，等．新型两步法餐饮废油制备生物柴油 [J]. 粮油加工，2008(2): 61-64.

[14] 谢峰，聂开立，鲁吉珂，等．废油脂酶法制取生物柴油 [J]. 中国油脂，2007，32(10): 60-63.

[15] 邹世能 . 发酵法生产甘油 [J]. 日用化学工业，1997(1): 41-43.

[16] 邬国英，巫淼鑫，林西平，等 . 棉籽油甲酯化联产生物柴油和甘油 [J]. 中国油脂，2003，4(28): 70-73.

[17] 吕彤 . 表面活性剂合成技术 [M]. 北京：中国纺织出版社，2009.

[18] 胡玉梅 . 乙醇胺市场状况及其装置建设初探 [J]. 石油化工技术经济，2000(5): 37-40.

[19] 蒋庆哲 . 表面活性剂科学与应用 [M]. 北京：中国石化出版社，2009.

[20] 熊红旗，林心勇，戴恩期 . 环境友好无氯极压微乳切削液的研制与应用 [J]. 润滑与密封，2011，36(1): 102-106.

[21] 小山基雄 . 烷醇酰胺的制备 [J]. 日用化学工业译丛，1984(3): 19-32.

[22] 徐宝财，杨光荣，赵珞 . 月桂酸烷醇酰胺磷酸酯的制备及性能 [J]. 北京轻工业学报，1996，14(2): 54-57.

[23] 郑延成，侯玲玲，李卫晨子 . 烷醇酰胺磷酸酯表面活性剂的缓蚀性能 [J]. 精细石油化工，2012，29(2): 6-10.

[24] 赵国玺 . 表面活性剂作用原理 [M]. 北京：中国轻工业出版社，2003.

[25] 刘志广 . 分析化学 [M]. 北京：高等教育出版社，2008.

[26] 邵田华 . 化学法测定脂肪酸酰胺含量的研究 [J]. 江西化工，2002(1): 45-47.

[27] 白亮，杨秀全 . 烷醇酰胺的合成研究进展 [J]. 日用化学品科学，2009，32(4): 15-19.

[28] 林中华，黄克明，林心勇 . 合成酯型油性添加剂的研究 [J]. 润滑与密封，2006，177(5):152-154.

[29] 龚旌 . 废动植物油脂制备烷醇酰胺的研究 [J]. 广州化学，2010，35(4): 17-23.

[30] 周富荣，徐德林 . 大豆油烷醇酰胺的合成及其性能研究 [J]. 河南化工，1998(1): 18-19.

[31] 冯光柱，谢文磊，王钟声，等 . 椰子油脂肪酸烷醇酰胺磷酸酯的合成及其性能研究 [J]. 郑州粮食学院学报，1999，20(2): 61-64.

[32] 邹祥龙，兰云军，徐仙 . 菜籽油脂肪酸单乙醇酰胺的合成 [J]. 中国油脂，2008，32(12): 55-57.

[33] Adewale A, Rotimi A O, Rao B V S K. Synthesis of alkanolamide: a nonionic surfactant from the oil of gliricidia sepium[J]. Journal of Surfactants and Dctergents, 2012(15): 89-96.

[34] Kolancılar H. Preparation of laurel oil alkanolamide from laurel oil[J]. Journal of the American Oil Chemists' Society, 2004, 81(6): 597-598.

[35] Britta M F, Magnus N, Krister H. Micellization and adsorption of a series of fatty amide ethoxylates[J]. Journal of Colloid and Interface Science, 2001, 2(242): 404-410.

[36] 乔玉林，方学敬，党鸿羽. 一些磷－氮型极压抗磨添加剂性能的研究 [J]. 摩擦学学报，1995，15(3): 248-256.

[37] 邓琪. 餐饮业废油脂脱色工艺与皂化工艺研究 [D]. 广州：暨南大学，2004.

[38] 李昌珠. 生物柴油－绿色能源 [M]. 北京：化学工业出版社，2005.

[39] Peterson G R, Scarrah W P. Rapeseed oil transesterificalion by heterogeneous catalysis[J]. Journal of the American Oil Chemists' Society, 1984, 61(10):1593-1596.

[40] 李美华. 植物油脂酯交换法合成脂肪酸甲酯 [D]. 青岛：中国石油大学（华东），2007.

[41] 邢存章，徐国新. 高活性烷基醇酰胺合成机理研究 [J]. 山东轻工业学院学报，1994，8(4): 11-13.

[42] 徐淑宜. 烷醇酰胺的分离与定量 [J]. 日用化学工业，1993，145(3)：39-40:

[43] Popiel W J. Laboratory Manual of Pysical Chemistry [M]. New York: John Wiley And Sons Inc, 1964.

[44] 毛培坤. 合成洗涤剂工业分析 [M]. 北京：轻工业出版社，1998.

[45] 刘成勤. 电导滴定法测定壬基酚聚氧乙烯醚磷酸酯中酯及磷酸含量 [J]. 精细石油化工，1998(6): 53-56.

[46] Komatsuozaki S N T, Uematsu T. An examination of antiweld film fromed by reaction between metal and extreme-pressure agents in metal forming[J]. Lub Eng, 1985, 41(9): 543-549.

[47] 蒋平平. 国外磷酸酯表面活性剂合成与应用研究 [J]. 日用化学工业，1997(3): 32-35.

[48] 李正军. 磷酸酯合成工艺的改进及单双酯含量的检测 [J]. 西部皮革，2007, 29(2): 31-34.

[49] 潘传艺，张晨辉，等. 金属加工润滑技术的应用与管理 [M]. 北京：中国石化出版社，2010.